高等职业教育土木建筑类专业新形态教材

装配式混凝土结构构件生产与施工

主　编　肖明和　张成强　张　蓓
副主编　张翠华　苏　洁　李静文　王婷婷　朱　旭
参　编　周忠忍　王启玲　郭玉霞　齐高林　冯起辉

北京理工大学出版社
BEIJING INSTITUTE OF TECHNOLOGY PRESS

内 容 提 要

本书根据高等院校土建类专业人才培养目标、教学计划、装配式混凝土结构构件生产与施工课程虚拟仿真教学的特点和要求，结合国家大力发展装配式建筑的国家战略及住房和城乡建设部等部门联合印发的《关于推动智能建造与建筑工业化协同发展的指导意见》等文件精神，对接1+X装配式建筑构件制作与安装职业技能等级考核标准，并按照国家、省颁布的有关新规范、新标准编写而成。

本书共分3部分，主要内容包括基础知识、装配式混凝土结构构件生产、装配式混凝土结构施工。本书结合高等教育的特点，注重实践技能的培养，按照装配式混凝土结构构件生产和现场装配施工的全工艺流程，以"新之筑"装配式建筑虚拟仿真案例实训平台为基础组织教材内容的编写，将"案例教学法""做中学、做中教"的思想贯穿整个教材的编写过程，具有"实用性、系统性和先进性"的特色。

本书可作为高等院校土木工程类相关专业的教学用书，也可作为培训机构及土建类工程技术人员的参考用书。

版权专有　侵权必究

图书在版编目（CIP）数据

装配式混凝土结构构件生产与施工 / 肖明和，张成强，张蓓主编.—北京：北京理工大学出版社，2021.6（2021.7重印）
　ISBN 978-7-5682-9974-9

Ⅰ.①装…　Ⅱ.①肖…②张…③张…　Ⅲ.①装配式混凝土结构－装配式构件－生产工艺②装配式混凝土结构－装配式构件－建筑安装　Ⅳ.①TU37

中国版本图书馆CIP数据核字（2021）第130786号

出版发行 / 北京理工大学出版社有限责任公司
社　　址 / 北京市海淀区中关村南大街5号
邮　　编 / 100081
电　　话 /（010）68914775（总编室）
　　　　　（010）82562903（教材售后服务热线）
　　　　　（010）68948351（其他图书服务热线）
网　　址 / http://www.bitpress.com.cn
经　　销 / 全国各地新华书店
印　　刷 / 河北鑫彩博图印刷有限公司
开　　本 / 787毫米×1092毫米　1/16
印　　张 / 10.5　　　　　　　　　　　　　　　　责任编辑 / 钟　博
字　　数 / 223千字　　　　　　　　　　　　　　　文案编辑 / 钟　博
版　　次 / 2021年6月第1版　2021年7月第2次印刷　责任校对 / 周瑞红
定　　价 / 36.00元　　　　　　　　　　　　　　　责任印制 / 边心超

图书出现印装质量问题，请拨打售后服务热线，本社负责调换

FOREWORD 前 言

随着我国职业教育事业的快速发展，体系建设的稳步推进，国家对职业教育越来越重视，先后发布了《国务院关于加快发展现代职业教育的决定》（国发〔2014〕19号）和《教育部关于学习贯彻习近平总书记重要指示和全国职业教育工作会议精神的通知》（教职成〔2014〕6号）等文件。同时，随着建筑业的转型升级，"产业转型、人才先行"，国家陆续印发了《关于大力发展装配式建筑的指导意见》（国办发〔2016〕71号）、《"十三五"装配式建筑行动方案》（中华人民共和国住房和城乡建设部，2017年）、《关于推动智能建造与建筑工业化协同发展的指导意见》（中华人民共和国住房和城乡建设部等13部门，2020年）等文件，文件提及要加快培养与装配式建筑发展相适应的技术和管理人才，包括行业管理人才、企业领军人才、专业技术人员、经营管理人员和产业工人队伍。因此，为适应建筑职业教育新形式的需求，编者深入企业一线，结合企业需求及装配式建筑的发展趋势，重新调整了建筑工程技术和工程造价等专业的人才培养定位，使岗位标准与培养目标、生产过程与教学过程、工作内容与教学项目对接，实现"近距离顶岗、零距离上岗"的培养目标。

本书根据高等院校土建类专业的人才培养目标、教学计划、装配式混凝土结构构件生产与施工课程虚拟仿真的教学特点和要求，对接1+X装配式建筑构件制作与安装职业技能等级考核标准，结合国家装配式建筑品牌专业群建设，以《预制混凝土剪力墙外墙板》（15G365-1）、《预制混凝土剪力墙内墙板》（15G365-2）、《桁架钢筋混凝土叠合板（60 mm厚底板）》（15G366-1）、《预制钢筋混凝土板式楼梯》（15G367-1）等为主要依据，以"新之筑"装配式建筑虚拟仿真案例实训平台为基础编写而成，理论联系实际，重点突出案例教学及装配式建筑软件的应用，以提高学生的实践应用能力，具有"实用性、系统性和先进性"的特色。

本书由济南工程职业技术学院肖明和、张成强、张蓓担任主编，由济南工程职业技术学院张翠华、苏洁、李静文、王婷婷，山东水利职业学院朱旭担任副主编，山东新之筑信息科技有限公司周忠忍，中建科技（济南）有限公司王启玲，济南工程职业技术学院郭玉霞、齐高林、冯起辉参与编写。根据不同专业需求，本课程建议安排60学时。本书在编写过程中参考了国内外同类教材和相关的资料，在此一并表示感谢，并对为本书付出辛勤劳动的编辑同志们及山东新之筑信息科技有限公司提供的技术支持表示衷心的感谢！

由于编者水平有限，书中难免存在不足之处，敬请专家、读者批评指正。联系E-mail：1159325168@qq.com。

编 者

目录

项目1 基础知识 ... 1

任务1.1 装配式混凝土结构概述 ... 1
1.1.1 基本概念 ... 1
1.1.2 装配式混凝土结构主要建造环节 ... 4

任务1.2 操作系统概述 ... 5
1.2.1 软件概述 ... 5
1.2.2 软件系统安装与卸载 ... 6

项目2 装配式混凝土结构构件生产 ... 7

任务2.1 任务书 ... 7
2.1.1 目的和要求 ... 7
2.1.2 内容安排 ... 7
2.1.3 时间安排 ... 8

任务2.2 指导书 ... 8
2.2.1 原料预算 ... 8
2.2.2 模具准备与安装 ... 14
2.2.3 钢筋及预埋件施工 ... 29
2.2.4 混凝土制作与构件浇筑 ... 44
2.2.5 混凝土拉毛收光 ... 67
2.2.6 构件蒸养与起板入库 ... 73

任务2.3 附图 ... 94
2.3.1 设计说明 ... 94
2.3.2 实训图纸 ... 94

项目3 装配式混凝土结构施工 ... 101

任务3.1 任务书 ... 101
3.1.1 目的和要求 ... 101

  3.1.2 内容安排 ·· 101
  3.1.3 时间安排 ·· 102
 任务3.2 指导书 ··· 102
  3.2.1 构件装车码放与运输控制 ·· 102
  3.2.2 现场装配准备与吊装 ·· 114
  3.2.3 构件灌浆 ·· 122
  3.2.4 现浇连接 ·· 136
  3.2.5 质检与维护 ·· 146
 任务3.3 附图 ··· 151
  3.3.1 设计说明 ·· 151
  3.3.2 实训图纸 ·· 152

参考文献 ··· 161

项目 1　基础知识

任务 1.1　装配式混凝土结构概述

1.1.1　基本概念

1. 装配式建筑

装配式建筑是指用预制部品部件在工地装配而成的建筑。

2. 装配式混凝土建筑

装配式混凝土建筑是指混凝土建筑的结构系统、内装系统、外围护系统、设备与管线系统的主要部分采用预制构(部)件部品集成装配建造的建筑。

> **特别提示**
>
> (1)建筑结构系统：指的是在装配式建筑中，将部件通过各种可靠的连接方式装配而成，用来承受各种荷载或作用的空间受力体。
>
> (2)建筑内装系统：指的是建筑内部能够满足建筑使用要求的部分，主要包括楼地面、轻质隔墙、吊顶、内门窗和内装设备与管线等。
>
> (3)建筑外围护系统：围合成建筑室内空间，与室外环境分隔的预制构件和部品部件的组合即建筑外围护系统，包括建筑外墙、屋面、门窗、阳台、空调板和装饰件等。
>
> (4)建筑设备与管线系统：建筑设备与管线系统是满足建筑各种使用功能的设备和管线的总称，包括给水排水设备及管线系统、供暖通风空调设备及管线系统、电气和智能化设备及管线系统等。

3. 装配式混凝土结构

装配式混凝土结构是指由预制混凝土构件或部件，通过各种可靠的连接方式装配而成的混凝土结构，简称装配式结构。

> **特别提示**
>
> (1)装配整体式混凝土结构：是由预制混凝土构件通过可靠的连接方式进行连接并与现场后浇混凝土、水泥基灌浆料形成整体的装配式混凝土结构，简称装配整体式结构。
>
> (2)装配整体式混凝土框架结构：是全部或部分框架梁、柱采用预制构件建成的装配整体式混凝土结构，简称装配整体式框架结构。
>
> (3)装配整体式混凝土剪力墙结构：是全部或部分剪力墙采用预制墙板构件建成的装配整体式混凝土结构，简称装配整体式剪力墙结构。

4. 部件、部品

(1)部件。部件是指在工厂或现场预先制作完成，构成建筑结构的钢筋混凝土构件或其他构件的统称。

(2)部品。部品是指由两个或两个以上的建筑单一产品或复合产品在现场组装而成，构成建筑某一部位的一个功能单元，或能满足该部位一项或者几项功能要求的、非承重建筑结构类别的集成产品的统称。其包括屋顶、外墙板、幕墙、门窗、管道井、楼地面、隔墙、卫生间、厨房、阳台、楼梯和储柜等建筑外围护系统、建筑内装系统和建筑设备与管线系统类别的部品。

5. 混凝土构件

(1)预制混凝土构件。预制混凝土构件是指在工厂或现场预先生产制作的混凝土构件，简称预制构件。

(2)混凝土叠合受弯构件。混凝土叠合受弯构件是指预制混凝土梁、板顶部在现场后浇混凝土而形成的整体受弯构件，简称叠合梁、叠合板。

(3)预制外挂墙板。预制外挂墙板是指安装在主体结构上，起围护、装饰作用的非承重预制混凝土外墙板，简称外挂墙板。

(4)预制混凝土夹心保温外墙板。预制混凝土夹心保温外墙板是指内、外两层混凝土板采用拉结件可靠连接，中间夹有保温材料的预制外墙板，简称夹心保温外墙板。

6. 装配式装修

装配式装修是指采用干式工法，将工厂生产的内装系统的部品在现场进行组合安装的装修方式。

> **特别提示**
>
> (1)集成式厨房：主要采用干式工法装配，由楼地面、吊顶、墙面、厨柜、厨房设备及管线等进行系统集成，并满足炊事活动功能基本单元的模块化部品。
>
> (2)集成式卫生间：主要采用干式工法装配，由楼地面、墙板、吊顶、洁具设备及管线等系统集成的具有洗浴、洗漱、便溺等功能基本单元的模块化部品。

7. 装配率

装配率是指装配建筑中预制构件、建筑部品的数量（体积或面积）占同类构件或部品总数量（体积或面积）的比率。

8. 混凝土粗糙面

混凝土粗糙面是指采用特殊工具或工艺形成预制构件混凝土凹凸不平或集料显露的表面，实现预制构件和后浇筑混凝土的可靠结合，简称粗糙面。

9. 键槽

键槽是指预制构件混凝土表面规则且连续的凹凸构造，可实现预制构件和后浇筑混凝土的共同受力作用。

10. 构件连接

(1) 钢筋套筒灌浆连接。钢筋套筒灌浆连接是指在预制混凝土构件内预埋的金属套筒中插入钢筋并灌注水泥基灌浆料而实现的钢筋机械连接方式。

(2) 钢筋浆锚搭接连接。钢筋浆锚搭接连接是指在预制混凝土构件中预留孔道，在孔道中插入需搭接的钢筋，并灌注水泥基灌浆料而实现的钢筋搭接连接方式。

(3) 金属波纹管浆锚搭接连接。金属波纹管浆锚搭接连接是指在预制混凝土剪力墙中预埋金属波纹管形成孔道，在孔道中插入需搭接的钢筋，并灌注水泥基灌浆料而实现的钢筋搭接连接方式。

(4) 水平锚环灌浆连接。水平锚环灌浆连接是指同一楼层预制墙板拼接处设置后浇段，预制墙板侧边甩出钢筋锚环并在后浇段内相互交叠而实现的预制墙板竖缝连接方式。

(5) 钢丝绳套灌浆连接。钢丝绳套灌浆连接是指同一楼层预制墙板拼接处设置后浇段，预制墙板侧边甩出钢丝绳并在后浇段内相互交叠而实现的预制墙板竖缝连接方式。

(6) 挤压套筒接头。挤压套筒接头是指采用挤压套筒连接钢筋的接头。

> **特别提示**
>
> 挤压套筒：用于热轧带肋钢筋挤压连接的套筒。

11. 检验

检验是指对被检验项目的特征、性能进行量测、检查、试验等，并将结果与标准规定的要求进行比较，以确定项目的每项性能是否合格的活动，包括结构性能检验和结构实体检验等。

> **特别提示**
>
> (1) 结构性能检验：针对结构构件的承载力、挠度、裂缝控制性能等各项指标所进行的检验。
>
> (2) 结构实体检验：在结构实体上抽取试样，在现场进行检验或送至有相应检测资质的检测机构进行的检验。

12. 缺陷

缺陷是指混凝土结构施工质量不符合规定要求的检验项或检验点，按其程度可分为严重缺陷和一般缺陷。

> **特别提示**
>
> （1）严重缺陷：对结构构件的受力性能，耐久性能或安装、使用功能有决定性影响的缺陷。
>
> （2）一般缺陷：对结构构件的受力性能，耐久性能或安装、使用功能无决定性影响的缺陷。

13. 验收

（1）进场验收。进场验收是指对进入施工现场的材料、构配件、器具及半成品等，按有关标准的要求进行检验，并对其质量达到合格与否作出确认的过程。其主要包括外观检查、质量证明文件检查、抽样检验等。

（2）分段验收。分段验收是指将原有主体分部工程按楼层、变形缝等划分验收段，每段验收应满足构件出厂检验、质量证明文件查验和结构实体检验标准的工程验收。

1.1.2 装配式混凝土结构主要建造环节

装配式混凝土结构主要包括设计、构件生产、现场装配施工三大环节。

1. 设计环节

装配式建筑设计应包括前期技术策划、方案设计、初步设计、施工图设计、构件深化设计等相关设计阶段。

（1）前期技术策划。前期技术策划对项目的实施起到了十分重要的作用，设计单位应充分了解项目定位、建设规模、产业化目标、成本限额、外部条件等影响因素，制定合理的建筑设计方案，提高预制构件的标准化程度，并与建设单位共同确定技术实施方案，为后续的设计工作提供依据。

（2）方案设计。方案设计阶段应对项目采用的预制构件类型、连接技术提出设计方案，对构件的加工制作、施工装配的技术经济性进行分析，并协调开发建设、建筑设计、构件生产、施工装配等各单位要求，加强建筑、结构、设备等专业之间的密切配合。

（3）初步设计。初步设计是在建筑、结构等设计完成方案的基础上，由设计单位联合构件生产企业，结合构件生产工艺、施工单位吊装能力等因素，对预制构件的形状、质量等进行估算，并与建筑、结构、设备等专业进行初步协调。

（4）施工图设计。施工图设计是在初步设计的基础上，确定预制构件的布局、形状和尺寸等，机电设备应确定管线布局，室内装修应进行相关部品设计，各专业应完成统一协调工作，避免专业间的碰撞。

(5)构件深化设计。在将预制混凝土构件拆分成相互独立的预制构件后，后期的设计重点应考虑构件的连接构造，水电管线的预埋，门窗及其他预埋件的预埋，吊装及施工必要的预埋件、预留孔洞等。同时，要考虑方便模具加工和构件生产效率、现场施工吊运能力限制等因素。一般每个预制构件都要绘制独立的预制构件平面图、模板图、配筋图、预留预埋件图；夹心外墙板应绘制内、外叶墙板拉结件布置图，保温板排版图，必要时还要制作三维视图。

2. 构件生产环节

(1)预制构件的生产应有保证生产质量要求的生产工艺和设施设备，生产的全过程应有健全的质量管理体系、安全保证措施及相应的试验检测手段。

(2)预制构件的生产过程主要包括预制混凝土构件原料计算、模具准备与安装、钢筋及预埋件施工、混凝土制作与浇筑、构件蒸养与起板入库等。其工艺流程包括模台清理、模具组装、钢筋加工与安装、管线与预埋件安装、混凝土制作与浇筑、混凝土养护、脱模与表面处理、成品验收、运输存入等。

3. 现场装配施工环节

(1)现场装配施工主要包括构件装车码放与运输控制、现场装配准备与吊装、构件灌浆、现浇连接、质检与维护等。

(2)预制构件安装前，应制定构件安装流程，预制构件、材料、预埋件、临时支撑等应符合国家有关验收标准，并按施工方案、工艺和操作规程等要求做好人、材、机的各项准备工作。

(3)预制构件安装应根据构件吊装顺序运至现场，并根据构件的编号、吊装顺序等在构件上标出序号，并在图纸上标出序号位置。

任务 1.2　操作系统概述

1.2.1　软件概述

装配式建筑虚拟仿真软件分为管理系统、客户端系统、服务器系统。其中管理系统可以管理教师、学生信息，进行数据库的维护、考核任务的下达和考核结果的查询；客户端系统主要实现装配式建筑构件生产、运输、装配化施工等装配式建筑产业化过程仿真操作，以正确的工艺流程、工况处理、工艺模型及评价考核为设计基础；服务器系统控制客户端登录及客户端数据与数据库读、写操作。本软件能够满足日常教学中对装配式建筑知识的认知实习及随堂练习等问题。

1.2.2 系统要求、软件安装与卸载

1. 系统要求

(1)系统已安装 TCP/IP。

(2)系统安装了 Microsoft Office Excel 系列软件。

(3)系统安装了 MySQL5.5 数据库。

(4)可在 Windows7、Windows8、Windows10 环境下运行。

(5)推荐配置。CPU：Core i5-4590；RAM：8 GB；系统类型：64 位；显示适配器：NVIDIA GeForce GTX 750 Ti；硬盘：SSD 128 G。

2. 软件安装与卸载

(1)安装过程。

1)打开软件压缩包；

2)解压至指定位置(路径中不包含中文路径)；

3)配置 Configuration/setting.ini 文件，其中，IP 为本机 IP；

4)配置 YLYS_Data/Virtual/Configuration/setting.ini 文件，其中，IP、端口与步骤 3)的 IP、端口一致。

(2)软件卸载。直接删除安装时压缩出的所有文件。

项目 2　装配式混凝土结构构件生产

任务 2.1　任务书

2.1.1　目的和要求

1. 教学目的

（1）加深学生对混凝土预制构件生产工艺流程的理解，使学生掌握预制混凝土墙、板、楼梯等构件的生产工艺方法。

（2）通过课程设计的实际训练，使学生能够按照预制构件生产的要求进行生产工艺流程的划分，并能熟练地进行构件生产原料的计算，使学生能将理论知识运用到实际计算中。

（3）通过课程设计的实际训练，使学生掌握构件原料计算、模具准备与安装、钢筋及预埋件施工、混凝土制作与浇筑、混凝土拉毛收光、构件蒸养与起板入库等环节的主要生产技术要点。

（4）使学生能够利用装配式建筑虚拟仿真案例实训平台（简称"实训平台"）进行装配式建筑构件生产各工位的技能实操训练。

2. 教学具体要求

（1）要求完成某工程竖向构件（剪力墙、柱）和水平构件（叠合楼板、梁、楼梯、阳台等）的原料计算，包括混凝土（砂、水泥、石子）、钢筋、预埋件等；利用虚拟现实仿真实训软件完成相关岗位实操训练。

（2）课程实训期间，必须发扬实事求是的科学精神，进行深入分析研究和计算，按照指导要求进行编制，严禁捏造、抄袭等坏的作风，力争使自己达到先进的实训水平。

（3）课程实训应独立完成，遇到有争议的问题时可以相互讨论，但不准抄袭他人。一经发现，相关责任者的课程实训成绩以零分计。

2.1.2　内容安排

1. 工程资料

已知某工程资料如下：

(1)构件模板图、构件配筋图及节点详图见本项目任务 2.3。

(2)结构设计说明及工程施工图见本项目任务 2.3。

(3)其他未尽事项可根据规范、图集及具体情况讨论选用,并在编制说明中注明,例如,工程所处环境类别、结构使用年限、混凝土保护层厚度、混凝土在制作时是否添加外加剂、混凝土构件的抗震等级、钢筋端部的弯锚要求等。

2. 教学内容

(1)利用现行建筑工程消耗量定额和指定的施工图设计文件等资料,计算钢筋、预埋件、混凝土(砂、石、水泥、外加剂)等材料用量。

(2)利用学校真实实训环境完成模具准备与安装、钢筋与预埋件施工、混凝土制作与浇筑等工艺流程实训。

(3)利用实训平台模拟完成模具准备与安装、钢筋与预埋件施工、混凝土制作与浇筑、混凝土拉毛收光、构件蒸养与起板入库等实操训练,并生成成绩报表。

2.1.3 时间安排

教学时间安排见表 2-1。

表 2-1 教学时间安排

序号	内容	时间/天
1	进行实训准备工作及熟悉图纸、工程量计算规则,进行计算项目划分	0.5
2	进行构件原料工程量计算,并形成工程量计算书	1.0
3	进行竖向构件与水平构件模具准备与安装实训,并生成成绩报表	0.5
4	进行竖向构件与水平构件钢筋与预埋件施工实训,并生成成绩报表	1.0
5	进行竖向构件与水平构件混凝土制作与浇筑实训,并生成成绩报表	0.5
6	进行竖向构件与水平构件混凝土拉毛收光、构件蒸养与起板入库实训,并生成成绩报表	1.0
7	进行实训任务检查、上交	0.5
8	合计	5.0

任务 2.2　指导书

2.2.1 原料预算

原料预算模块是混凝土构件生产仿真实训系统的模块之一,主要包括构件原料的计算及预算实训、原材料认知、构件认知等功能,既可以根据标准图集结合课程教学进行技能点训练,也是工程案例的重要工艺环节。

1. 原料预算控制端

(1)双击"YLYS.exe"图标,启动软件。

(2)输入服务器 IP、服务器端口以及账号、密码,单击"登录"按钮,如图 2-1 所示。

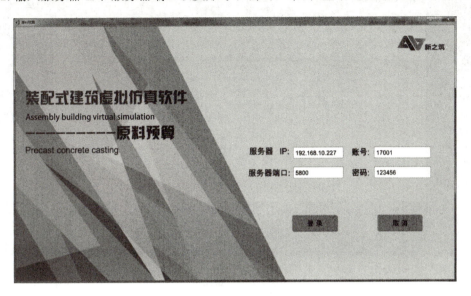

图 2-1 "原料预算"登录界面

(3)进入计划界面,单击"请求任务"按钮。

(4)单击"选择计划"按钮后,单击"开始生产"按钮,此时会启动原料预算虚拟端,如图 2-2 所示。

图 2-2 启动原料预算虚拟端

(5)单击"生产任务"按钮,查看任务,如图 2-3 所示。

图 2-3　查看任务

（6）在"现场辅助"窗口，单击"请求新任务"按钮，开始新任务，如图 2-4 所示。

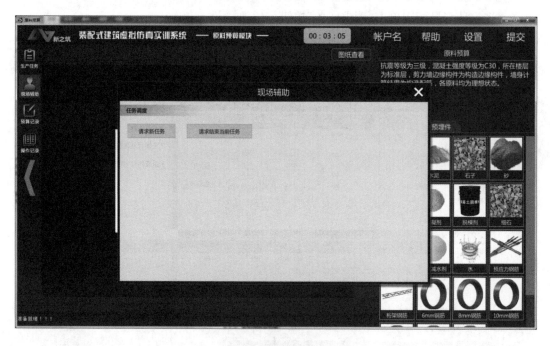

图 2-4　请求新任务

（7）开始新任务后会自动生成图纸，根据图纸计算石子、砂等原料用量，填写预埋件个数，如图 2-5 所示。

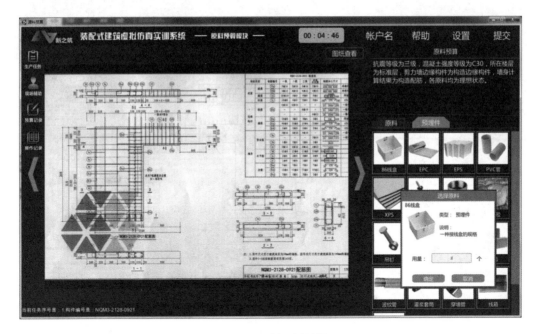

图 2-5　原料用量计算

(8)在左侧单击"预算记录"按钮可以查看自己填写的数据以及操作记录,如图 2-6 所示。

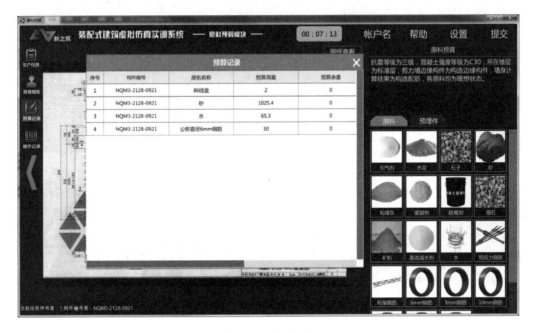

图 2-6　查看数据

(9)全部填写完毕并确认无误后,回到"现场辅助"窗口,单击"请求结束当前任务"按钮,结束本次任务,如图 2-7 所示。

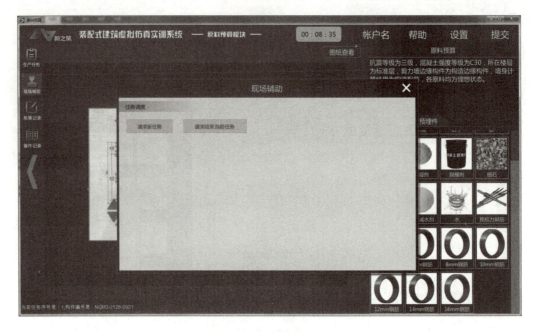

图 2-7　结束本次任务

(10)此时生产任务已经做完一个,若继续则再次请求新任务即可,如图 2-8 所示。

图 2-8　再次请求新任务

(11)等待任务全部完成后,单击右上方的"提交"按钮,回到任务请求界面。

2. 原料预算虚拟端

(1)在原料预算控制端单击"开始生产"按钮后会调出原料预算虚拟端,当单击"请求新任务"按钮后,原料预算虚拟端会同步加载构件模型,如图 2-9 所示。

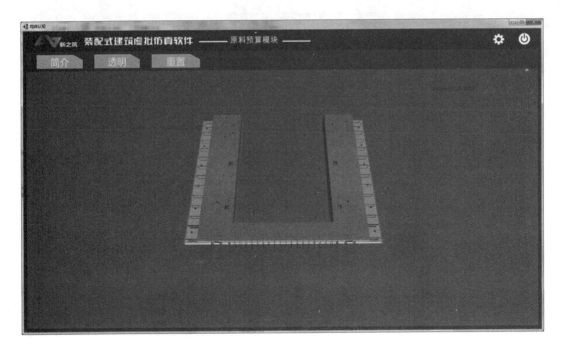

图 2-9 加载构件模型

(2)单击"简介"按钮,系统弹出墙板类型简介窗口,如图 2-10 所示。

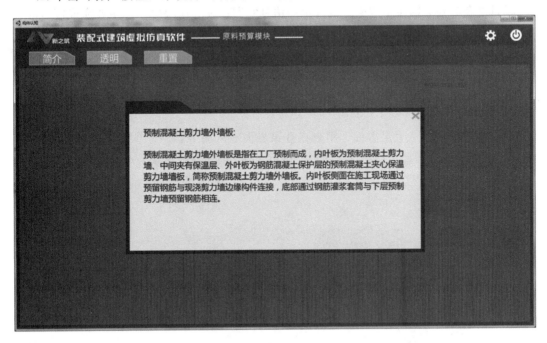

图 2-10 墙板类型简介窗口

(3)单击"透明"按钮,可以让墙板透明,从而清楚地查看内部埋件及钢筋,并可以通过鼠标滚轮查看各方向内容,如图 2-11 所示。

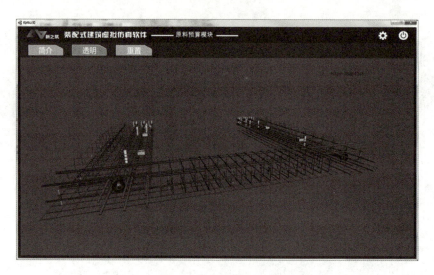

图 2-11 墙板透明查看

(4)单击"重置"按钮,即可恢复初始状态。

2.2.2 模具准备与安装

模具准备与安装模块是混凝土构件生产仿真实训系统的模块之一,主要完成模台准备、划线、脱模剂喷涂、模具摆放与校正、保温材料准备等工序,既可以根据标准图集结合课程教学进行技能点训练,也是工程案例的重要工艺环节。

1. 模具准备与控制端安装

(1)打开"MJZB Control.exe"。

(2)运行软件,进入登录界面。用户在登录界面输入服务器 IP、服务器端口、账号和密码。单击"登录"按钮,输入信息核对正确,则可正常登录进入任务选取界面,如图 2-12 所示。

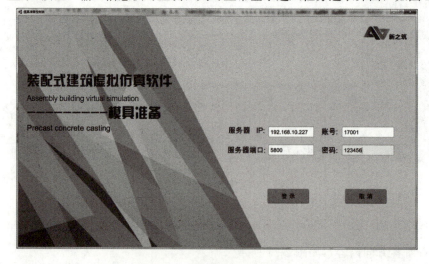

图 2-12 "模具准备"登录界面

(3)进入任务选取界面后单击"请求任务"按钮,此时服务器会反馈数条目标计划。

(4)选择目标计划后,单击"开始生产"按钮,即可启动模具准备虚拟端,如图 2-13 所示。

图 2-13　模具准备虚拟端

(5)单击"生产任务"按钮,查看生产任务,如图 2-14 所示。

图 2-14　查看生产任务

(6)单击"准备工作"按钮,依次进行服装选择、卫生检查、设备检查、注意事项,如图 2-15 所示。

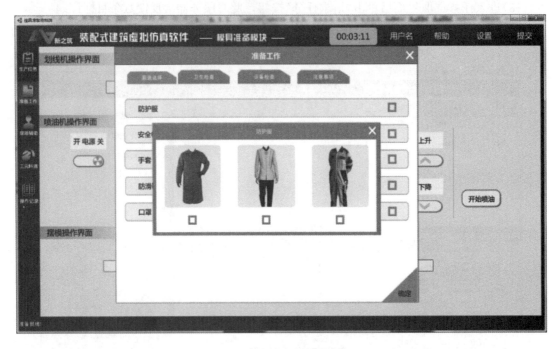

图 2-15　准备工作内容

(7)在"现场辅助"窗口，单击"请求新任务"按钮开始任务，如图 2-16 所示。

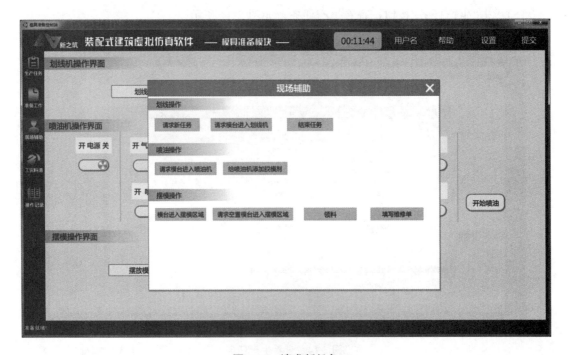

图 2-16　请求新任务

(8)单击"请求模台进入划线机"按钮，如图 2-17 所示。

图 2-17 请求模台进入划线机

(9)关闭"现场辅助"窗口,单击"录入图纸"按钮,根据图纸录入各个模具的尺寸,如图 2-18 和图 2-19 所示。

(10)单击"开始划线"按钮,开始划线操作。划线操作完成后,再次打开"现场辅助"窗口,单击"请求模台进入喷油机"按钮,进行喷油操作,再单击"给喷油机添加脱模剂"按钮,进行喷油操作,如图 2-20 所示。

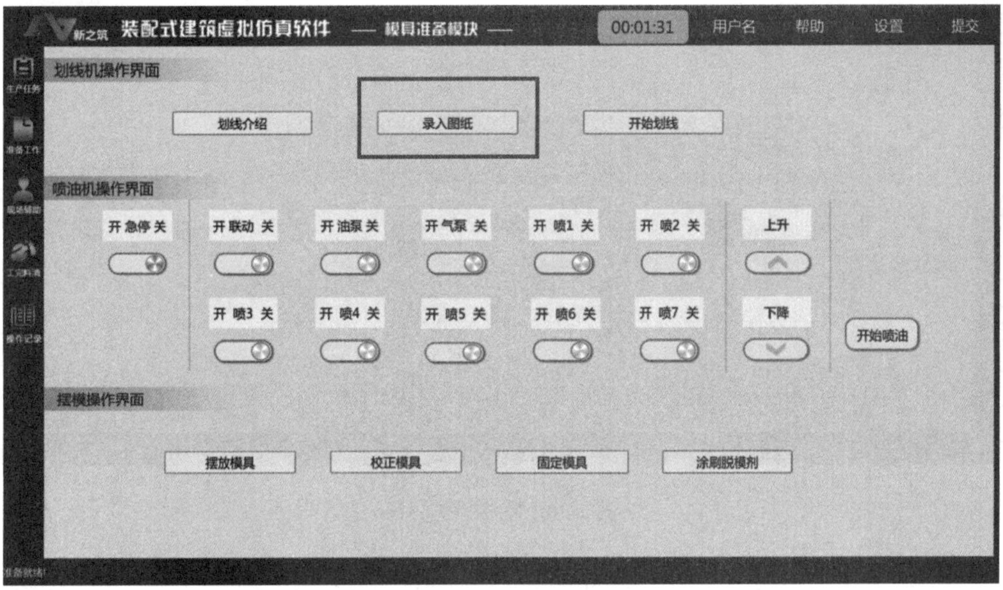

图 2-18 录入图纸

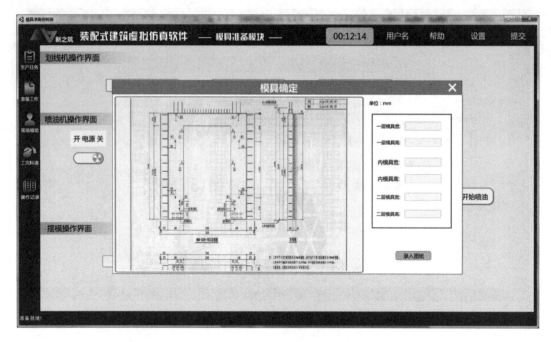

图 2-19 录入模具尺寸

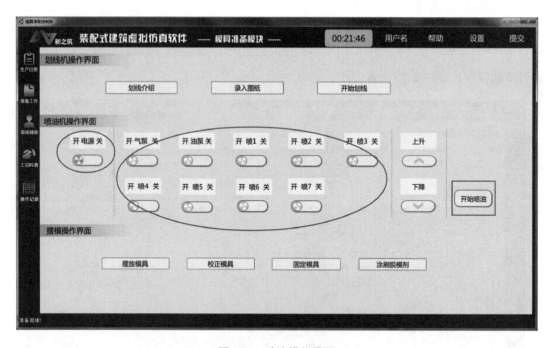

图 2-20 喷油操作界面

(11)喷油结束后,单击"模台进入摆模区域"按钮,随后进行领料,如图 2-21 和图 2-22 所示。

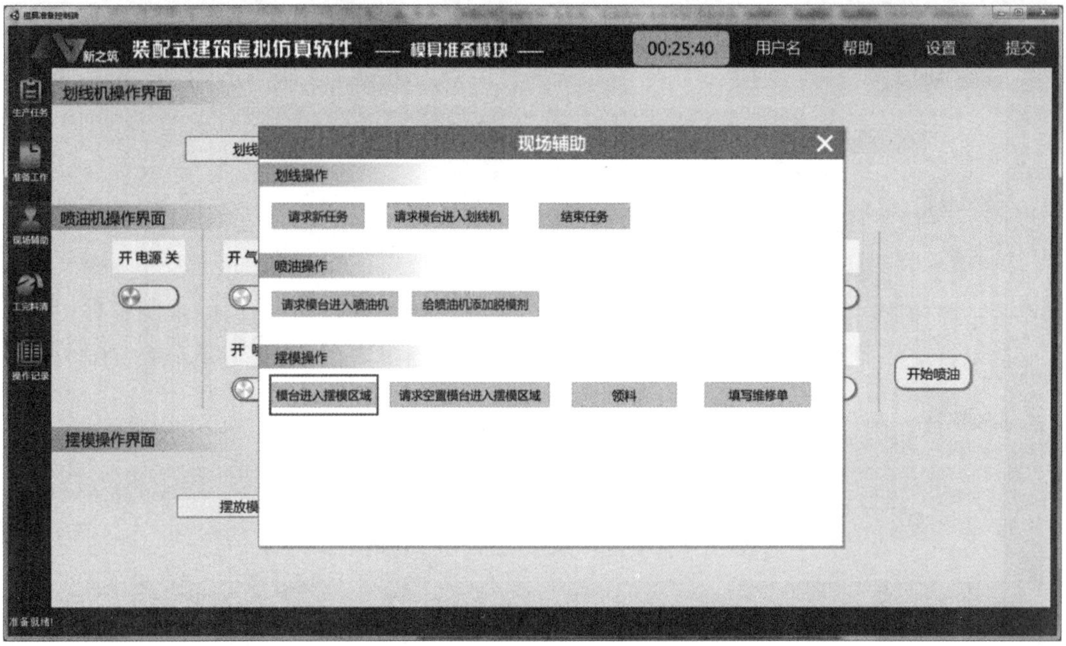

图 2-21　模台进入摆模区域

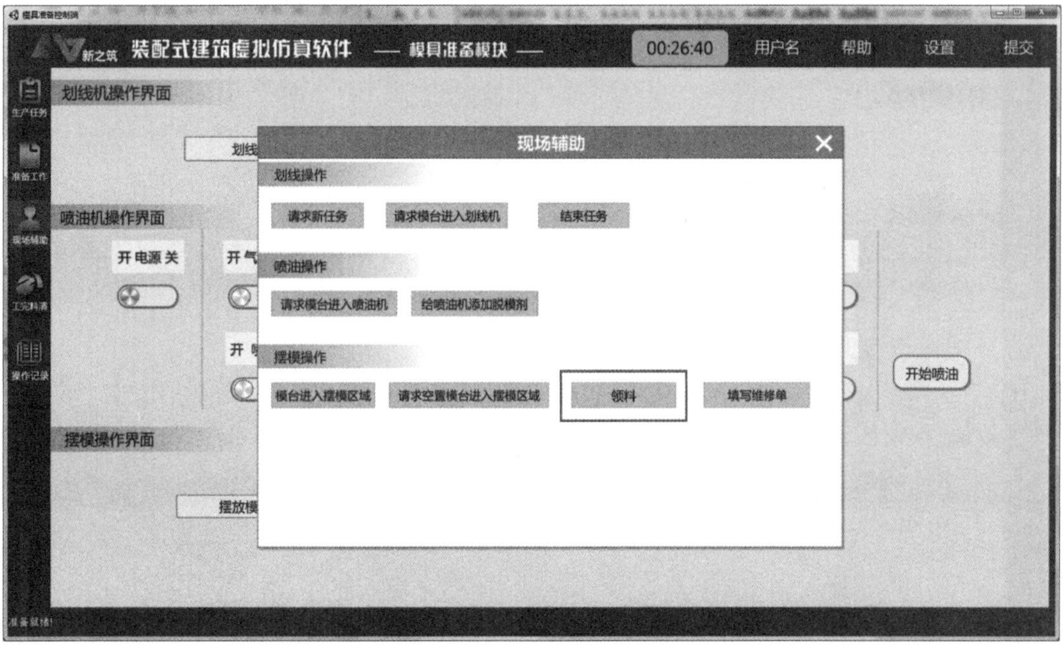

图 2-22　领料

(12)根据不同构件，输入不同尺寸，如图 2-23 所示。

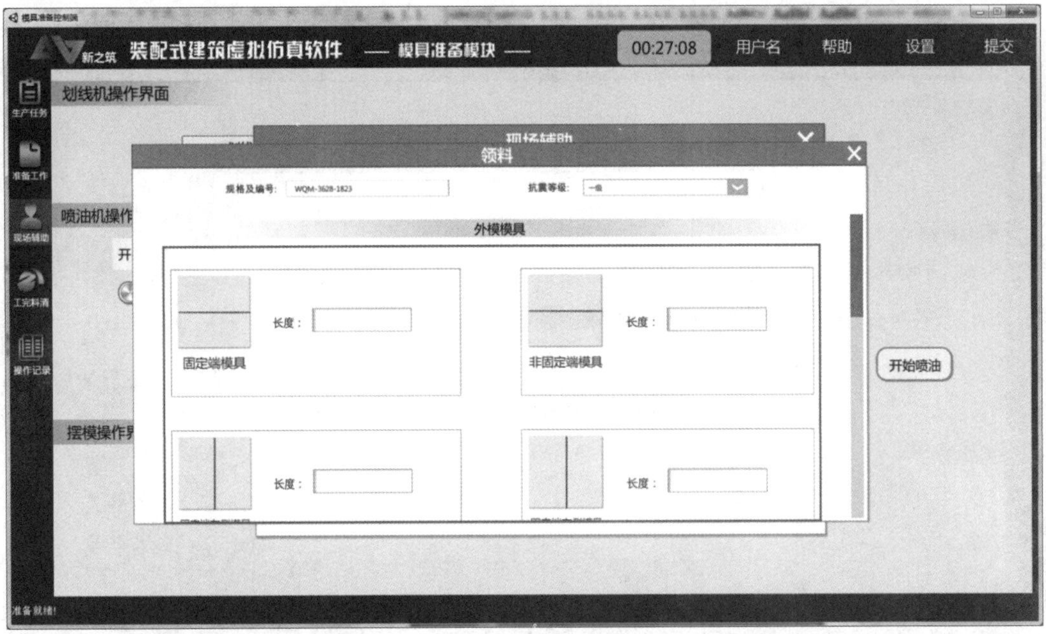

图 2-23 录入模具尺寸

(13) 单击"摆放模具"按钮，摆放模具，如图 2-24 所示。

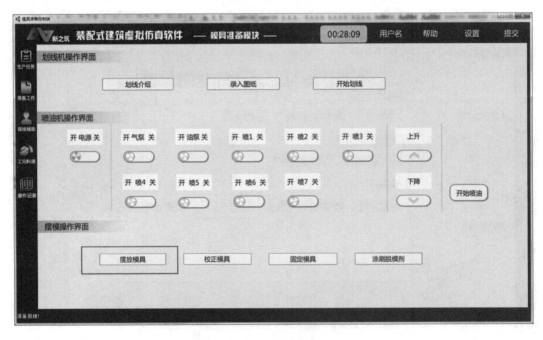

图 2-24 摆放模具

(14) 模具类型不同，摆放位置也不同，摆放完成后，单击"摆放模具"按钮，完成摆放，如图 2-25 所示。

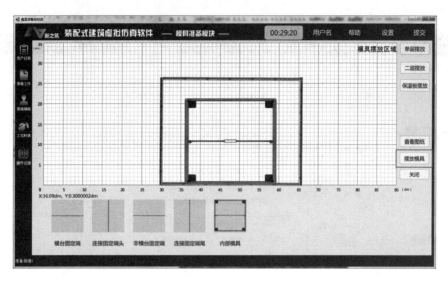

图 2-25 摆放模具

(15)关闭摆放窗口，回到操作界面，打开"固定模具"窗口，依次进行初固定及终固定操作。在固定操作之前，会出现"工具选取"窗口，选择对应的工具并确认后，再进行固定操作，如图 2-26(a)所示。

(16)固定顺序：初固定于模台之上、终固定于模台之上、相互初固定、校正、相互终固定、磁盒初固定、磁盒终固定，如图 2-26(b)所示。

(17)前三步完成后，单击"校正模具"按钮，进行校正操作；校正合格后，单击"完成校正"按钮，结束校正操作，如图 2-27 所示。

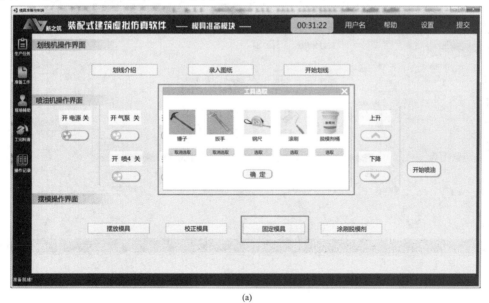

(a)

图 2-26 工具选取和模具固定

(a)工具选取

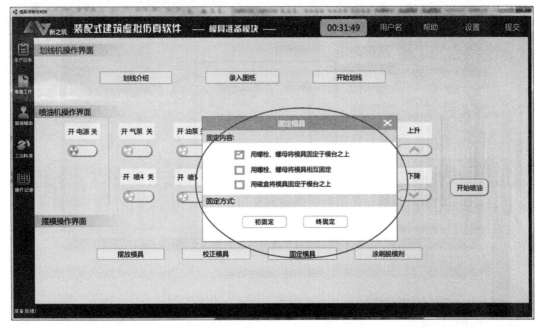

(b)

图 2-26 工具选取和模具固定(续)

(b)模具固定

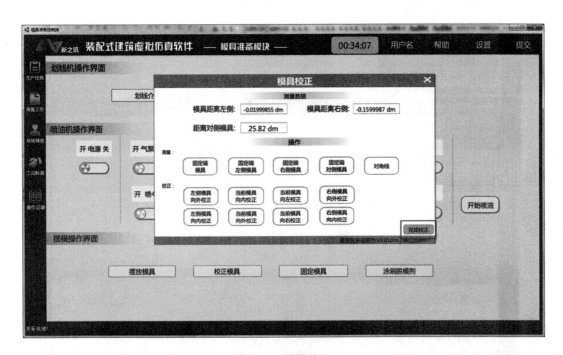

图 2-27 模具校正

(18)回到"固定模具"窗口,固定剩余部分。

(19)进行"涂刷脱模剂"操作,如图 2-28 所示。

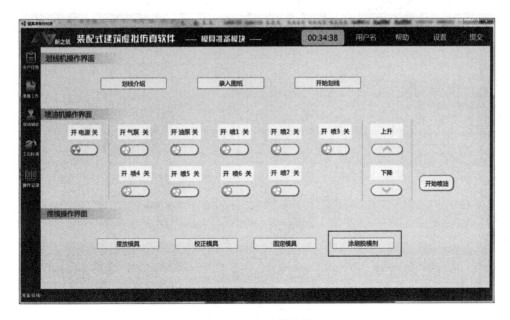

图 2-28 涂刷脱模剂

(20)打开"现场辅助"窗口,单击"请求空置模台进入摆模区域"按钮,进行二层模具摆放操作,如图 2-29 所示。

图 2-29 请求空置模台进入摆模区域

(21)关闭"现场辅助"窗口,回到操作界面,单击"摆放模具"按钮。进入摆模窗口后,**单击右侧的"二层摆放"按钮**;按照图纸摆放完成后,单击"摆放模具"按钮,完成摆放,如图 2-30 所示。

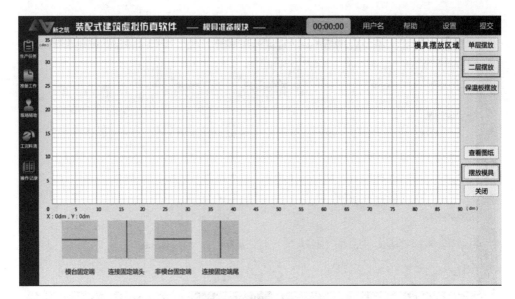

图 2-30 摆放二层模具

(22)关闭摆模窗口,回到操作界面,单击"校正模具"按钮,进行校正;校正完成后,单击"完成校正"按钮,如图 2-31 所示。

图 2-31 校正模具

(23)内墙校正完成后再次打开摆模窗口,进行保温板摆放;单击右侧"保温板摆放"按钮,进入保温板摆放模式。

(24)将下方的保温板拖拽至相应区域,松开后填写保温板尺寸(当忘记保温板尺寸时,可随时单击右侧的"查看图纸"按钮,根据图纸填写保温板尺寸),完成摆放后,单击"摆放模具"按钮,完成摆放,如图 2-32 所示。

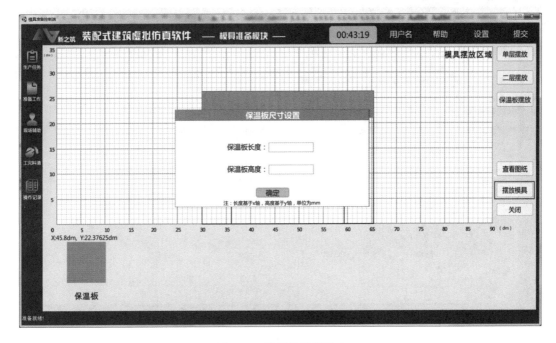

图 2-32　设置保温板尺寸

(25)打开"工完料清"窗口，进行设备复位操作，如图 2-33 所示。

图 2-33　设备复位

(26)关闭"工完料清"窗口，回到主界面，依次关闭喷油机开关，对喷油机进行复位，如图 2-34 所示。

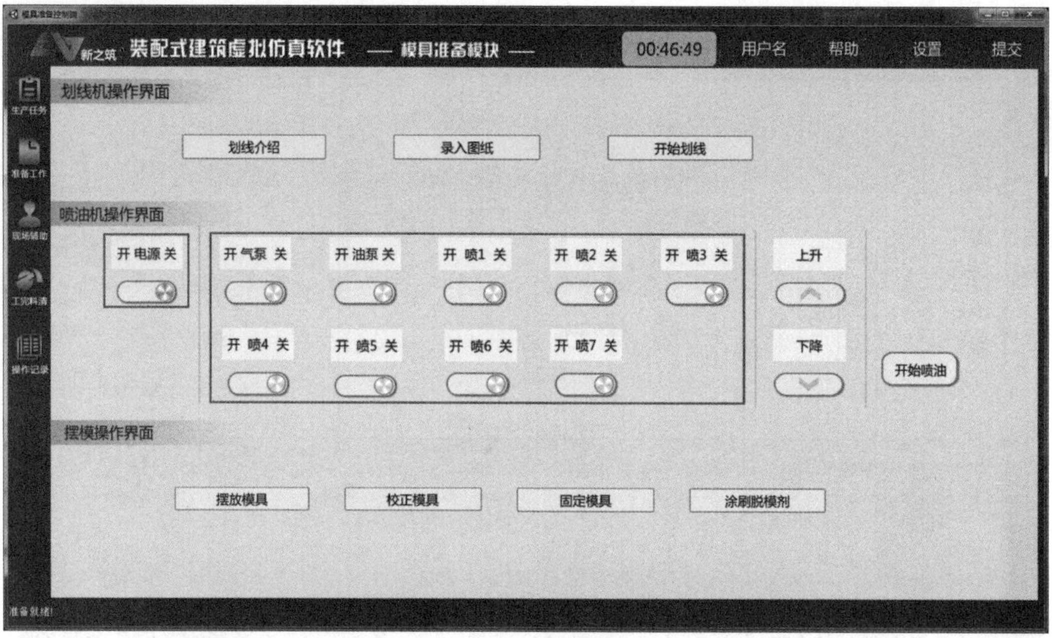

图 2-34 喷油机复位

（27）回到主界面，结束任务，如图 2-35 所示。

图 2-35 结束任务

（28）至此，本生产任务完成，若继续生产任务，则再次单击"请求新任务"按钮即可。若所有生产任务已经完毕，则提交任务，提交前需进行工具归还，打开"工完料清"窗口，单击"归还工具"按钮，如图 2-36 所示。

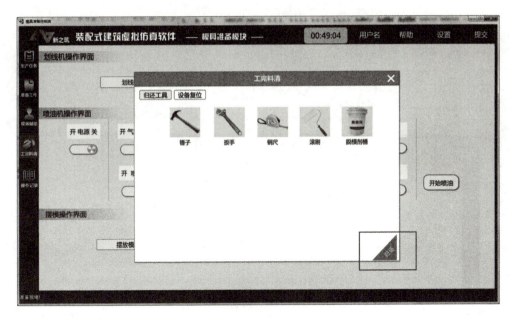

图 2-36 归还工具

(29)提交任务,如图 2-37 所示。

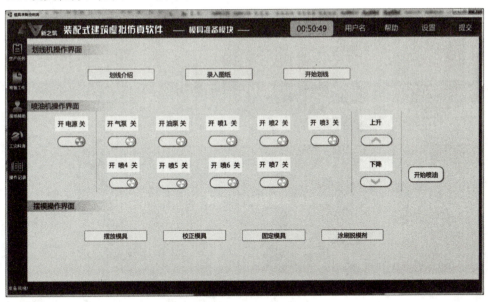

图 2-37 提交任务

2. 模具准备与虚拟端安装

(1)在控制端单击"开始生产"按钮后会调出虚拟端,当单击"请求新任务"按钮后,虚拟端会同步加载构件模型,随后使用控制端操作相应动作后,虚拟端会进行相应动作,如图 2-38 所示。

图 2-38 加载构件模型

(2)切换视角。控制端共有 3 个视角界面,即"画线视角""喷油视角"和"摆模视角",如图 2-39 所示。

(a)

图 2-39 视角界面

(a)画线视角

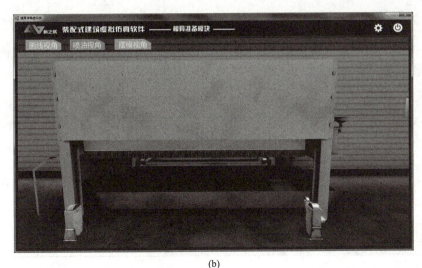

图 2-39 视角界面(续)

(b)喷油视角;(c)摆模视角

2.2.3 钢筋及预埋件施工

钢筋及预埋件施工模块是混凝土构件生产仿真实训系统的模块之一,主要完成生产前准备、钢筋下料、钢筋制作、钢筋摆放与绑扎、垫块设置、预埋件摆放与固定等工序,既可以根据标准图集结合课程教学进行技能点训练,也是工程案例的重要工艺环节。

1. 用户登录

打开后软件,用户需要输入服务器 IP、服务器端口、账户和密码,单击"登录"按钮,信息验证成功后进入系统主界面,如图 2-40 所示。

图 2-40 "钢筋操作"登录界面

2. 领取任务

通过系统主操作界面的相关操作,学生可以完成构件浇筑过程。

计划列表内的计划信息由管理端下达分配,每项计划包括计划编号、实训类型、抗震等级、生产季节、考试时长、状态和选取任务。学生登录系统后,根据学习目的选择相应的计划。单击"请求任务"按钮领取计划(图 2-41),单击"选择计划"按钮加入该计划内需要进行浇筑任务的构件(图 2-42),并单击"开始生产"按钮,浇筑虚拟端自动启动,进入生产阶段。

右下角"图纸展示"区域展示待操作任务第一块构件在上一工序完成后的成型图片。鼠标指针进入该区域,按住鼠标左键拖动,可移动图片;另外,滚动鼠标滚轮,可缩放浏览图片。

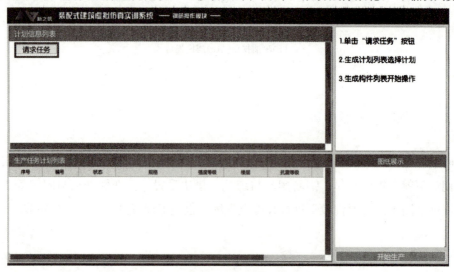

图 2-41 请求任务

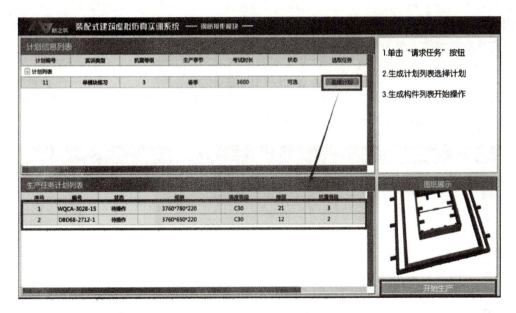

图 2-42 选择计划

3. 主界面功能介绍

单击"开始生产"按钮后进入主界面,如图 2-43 所示。

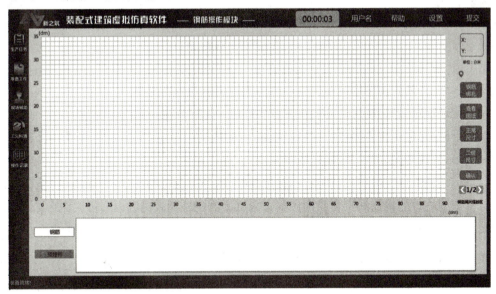

图 2-43 主界面

在主界面上单击左侧按钮将弹出相应的对话窗口,右侧为操作辅助按钮,单击"钢筋绑扎"按钮将弹出"工具"窗口,可选择工具进行绑扎操作;单击"查看图纸"按钮将根据任务显示相应的钢筋和预埋件摆放图纸;单击"正常尺寸"按钮,界面将显示全部的摆放窗口;单击"二倍尺寸"按钮,将出现二倍放大的摆放窗口。当墙板为带有钢筋网片的外墙板时,左下侧有左、右两个按钮,单击左侧按钮将进入钢筋网片摆放窗口,单击右侧按钮将进入外墙内叶摆放窗口，按钮中间显示的是层次数，下侧显示的是层名称，单击"钢筋"按钮将显示所有领取的钢筋，单击"预埋件"按钮将进入预埋件区。

4. 生产任务

进入生产阶段后，系统首先会根据学生选择的生产计划生成相应的生产任务信息，单击"生产任务"按钮，系统弹出"生产任务列表"窗口，如图2-44所示。

图2-44 "生产任务列表"窗口

(1)生产任务列表由两部分组成，即生产统计信息和构件信息。

(2)生产统计信息包括生产总量、完成生产量、未完成生产量。

(3)构件信息包括构件序号、编号、规格、体积、强度、楼层、抗震等级、任务是否完成("是"表示任务完成，"否"表示任务未完成)。

(4)窗口右侧、底部设有滚动条，通过拖动滚动条可浏览构件全部信息。在整个生产过程中，学生要摆放的钢筋和绑扎的构件都会围绕生产任务列表内的内容依次完成。

5. 准备工作

单击"准备工作"按钮，系统弹出"准备工作"窗口，如图2-45所示。

(1)准备工作内容包括服装选择、卫生检查、设备检查和注意事项四项内容。

(2)单击每项内容右侧的按钮，打开对应的操作窗口或者纯选择操作。下面以选择服装为例展示打开窗口操作的过程。

步骤一：单击"防护服"右侧的按钮，打开防护服选择窗口(图2-46)。

步骤二：单击防护服下面的按钮，选择防护服。

步骤三：关闭防护服选择窗口。

步骤四：服装选择操作完毕后，确认操作项(图2-47)。

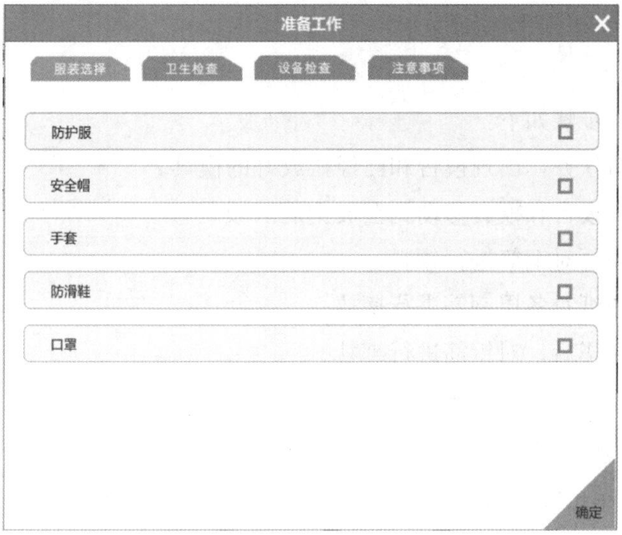

图 2-45　准备工作窗口

图 2-46　防护服选择窗口

图 2-47　确认操作项

6. 操作生产

生产阶段的操作步骤如下：

步骤一：请求新任务，出现模台和已经摆放好的模具。

步骤二：将控制模台和模具移动到摆放钢筋区域。

步骤三：根据需要对钢筋进行领料。

步骤四：根据图纸对各层钢筋进行摆放。

步骤五：摆放完毕后，对钢筋进行绑扎。

步骤六：摆放墙板中需要的预埋件，板子钢筋摆放、绑扎完毕。

步骤七：结束当前任务。

(1) 请求任务。单击"现场辅助"按钮，系统弹出"现场辅助"窗口，再单击"请求新任务"按钮，模台和模具出现在场景中，如图2-48~图2-50所示。

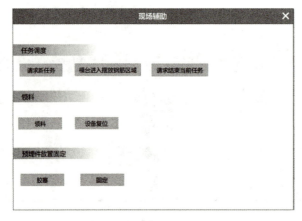

图2-48　"现场辅助"窗口

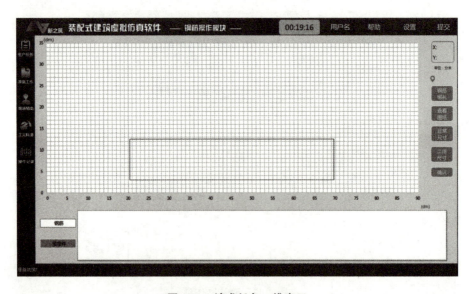

图2-49　请求任务二维窗口

图 2-50 请求任务三维场景

(2)模台进入摆放钢筋区域。单击图 2-48 所示窗口中的"模台进入摆放钢筋区域"按钮,将模台移动到摆放钢筋区域,如图 2-51 所示。

图 2-51 工作区

(3)进行钢筋领料。在"现场辅助"窗口中单击"领料"按钮,出现钢筋领料界面,如图 2-52 和图 2-53 所示。

图 2-52 现场辅助领料指示

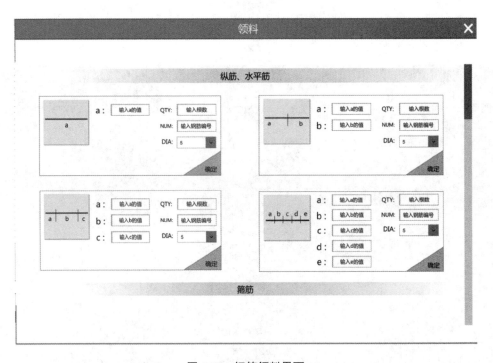

图 2-53 钢筋领料界面

根据任务列表中将要操作的墙板需求进行相应钢筋的领料，再根据钢筋类型输入相应的数据，单击"确定"按钮进行钢筋领料操作，单击"确定"按钮后，在虚拟端将展示钢筋生产的动画，如图 2-54 所示。

图 2-54 钢筋领料三维场景

根据需求领料完毕后,在二维界面上将出现所领取的钢筋,如图 2-55 所示。

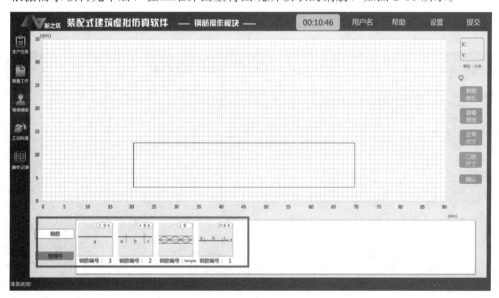

图 2-55 领取钢筋后的二维界面

(4)摆放钢筋。

1)根据需求先进行最下层钢筋的摆放,以国标《桁架钢筋混凝土叠合板(60 mm 厚底板)》(15G366—1)中 DBS1-68-5112-11 为例,根据需要从钢筋拖拽区拖拽相应的钢筋到钢筋摆放区域,根据图纸进行摆放,钢筋可以使用鼠标进行拖拽以调整位置,也可以通过 W、A、S、D 键对钢筋位置进行调整。先进行下层竖向钢筋的摆放,摆放完毕后的二维界面和三维场景如图 2-56 和图 2-57 所示。

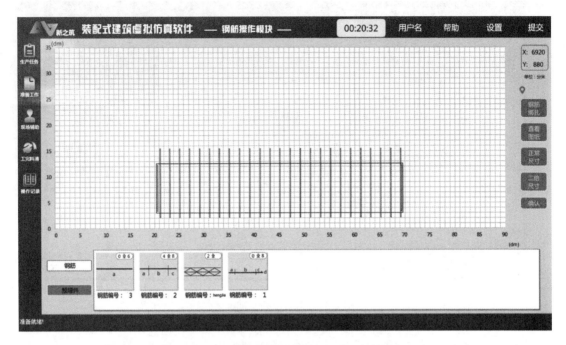

图 2-56　下层竖向钢筋摆放完毕后的二维界面

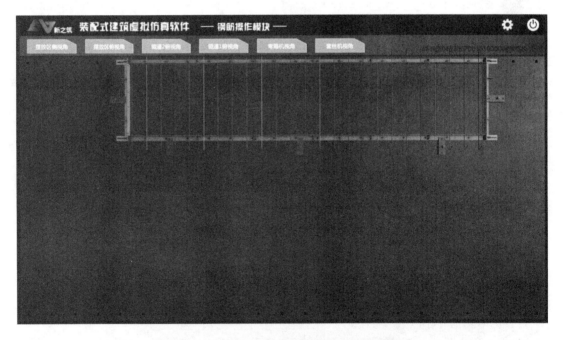

图 2-57　下层竖向钢筋摆放完毕后的三维场景

2）水平钢筋和桁架钢筋摆放完毕后的，二维界面和三维场景的展示如图 2-58 和图 2-59 所示。

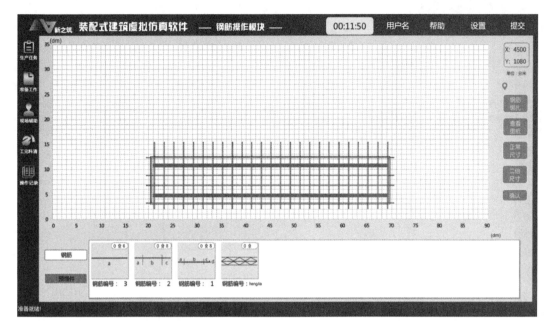

图 2-58　水平钢筋和桁架钢筋摆放完毕后的二维界面

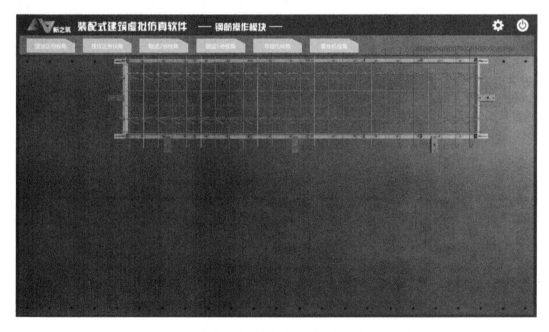

图 2-59　水平钢筋和桁架钢筋摆放完毕后的三维场景

3)起吊钢筋摆放完毕后的,二维界面和三维场景如图 2-60 和图 2-61 所示。

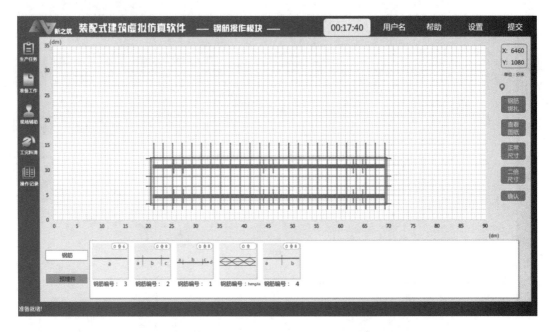

图 2-60　起吊钢筋摆放完毕后的二维界面

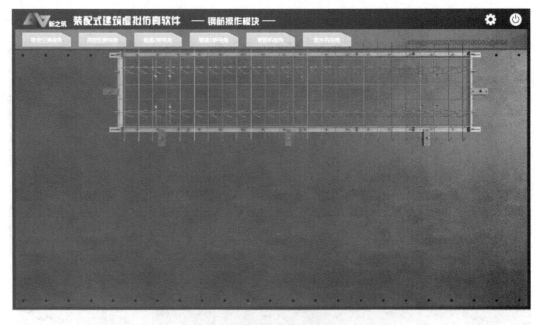

图 2-61　起吊钢筋摆放完毕后的三维场景

4) 单击"钢筋绑扎"按钮，系统弹出"工具选择"窗口，选择工具对摆放的钢筋进行绑扎。

5) 单击"预埋件"按钮，进入埋件层，拖拽垫块到摆放区放置垫块，二维界面和三维场景如图 2-62 和图 2-63 所示。

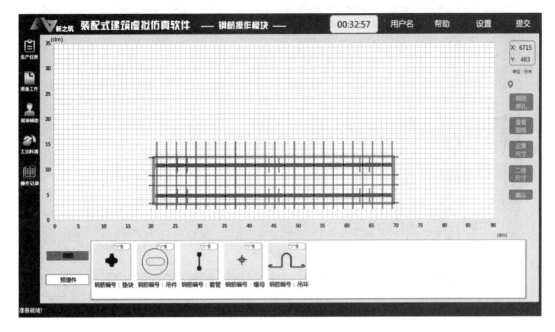

图 2-62　垫块摆放完毕后的二维界面

图 2-63　垫块摆放完毕后的三维场景

6)在"现场辅助"窗口单击"胶塞"按钮,进行二维界面中胶塞的实例化和三维场景中胶塞的放置,二维界面和三维场景如图 2-64 和图 2-65 所示。

41

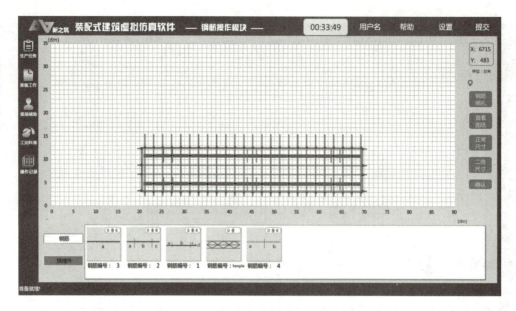

图 2-64 胶塞摆放完毕后的二维界面

图 2-65 胶塞摆放完毕后的三维场景

(5)结束当前任务。单击"现场辅助"窗口中的"请求结束当前任务"按钮,结束当前正在操作的任务。当前任务完成后,可根据生产任务列表请求进行下一个任务,重复前面的步骤,直到所有生产任务完成。

7. 工完料清

(1)归还工具。单击界面左侧的"工完料清"按钮,弹出"工完料清"窗口,单击"归还"按钮进行工具的归还,如图 2-66 所示。

图 2-66 "工完料清"窗口

(2)钢筋入库。单击"钢筋入库"按钮,将出现领取的钢筋,单击"入库"按钮进行钢筋的入库操作,如图 2-67 所示。

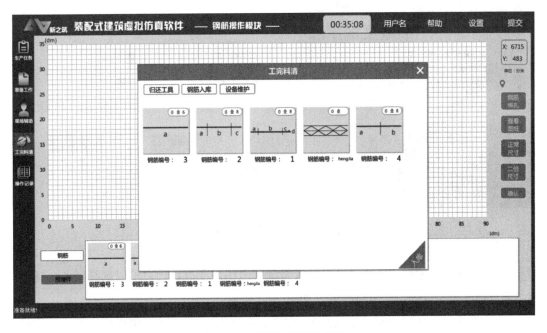

图 2-67 钢筋入库操作窗口

8. 考核提交

生产完成后,单击软件标题处的"提交"按钮,进行考核提交,提交完毕后系统自动进入领取任务窗口。用户可重复上面的操作,继续钢筋操作生产。

2.2.4 混凝土制作与构件浇筑

1. 混凝土制作

混凝土制作模块是混凝土构件生产仿真实训系统的模块之一,主要完成搅拌站生产前准备、配合比计算与设定、上料系统配料、混凝土搅拌、空中运输车上料、工完料清等工序及搅拌站异常工况处理操作,既可以根据标准图集结合课程教学进行技能点训练,也是工程案例的重要工艺环节。

(1)用户登录。运行软件,进入登录界面。用户在登录界面输入服务器 IP、服务器端口、账号和密码。单击"登录"按钮,输入信息核对正确,则可正常登录进入混凝土制作界面,如图 2-68 所示。

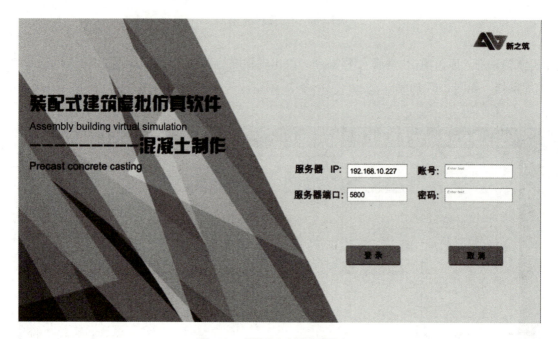

图 2-68 "混凝土制作"登录窗口

(2)领取任务。用户登录进入系统后,系统弹出任务窗口,用户可以选择任务。任务内容主要包括序号、计划号、考试模式,如图 2-69 所示。

(3)生产任务。在界面左侧工具栏中单击"生产任务"按钮,弹出生产任务列表。用户可以查看已选中的任务,主要包括生产总量、完成量、未完成量、序号、编号、构件规格等信息,如图 2-70 所示。

图 2-69　任务选择

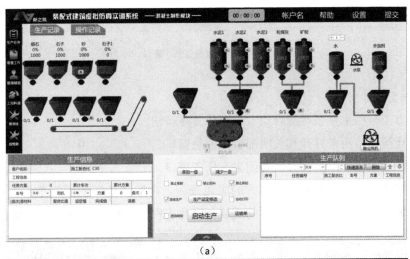

（a）

（b）

图 2-70　生产任务列表

(4)准备工作。单击"准备工作"按钮,系统弹出"准备工作"窗口,根据检查项和检查内容,完成各项准备工作,单击"确认"按钮,进入正式生产阶段,如图 2-71 所示。

图 2-71 "准备工作"窗口

(5)混凝土生产窗口。

1)左上方工具栏主要包括配合比、生产任务等按钮:

①配合比按钮:用来打开和关闭配合比信息窗口。

②生产任务按钮:用来打开和关闭生产任务窗口。

在投料完成后,单击每个料斗下方的黑色按钮,有振动按钮的同时单击振动按钮时称重料斗内的料完全投放在搅拌机内时的质量,以此实现工完料清,如图 2-72 所示。

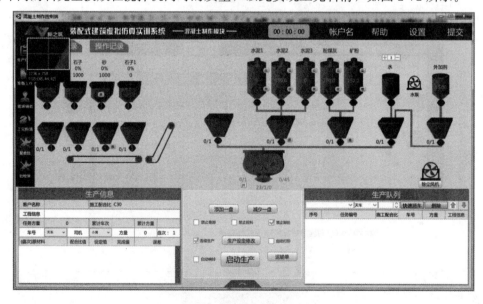

图 2-72 混凝土生产窗口

2)左下方"生产信息"窗口如图2-73所示,用来填写、选择所做任务构建的工程信息和生产信息,其中包括用户根据任务信息自行填写和选择的内容,还有部分内容是系统后台自动填写和修改的。其中,需要用户填写的内容分别为客户名称、工程信息。需要用户选择的内容分别为车号、司机;系统后台自动填写的内容分别为施工配合比、任务方量、累计车次、累计方量、方量、盘次。

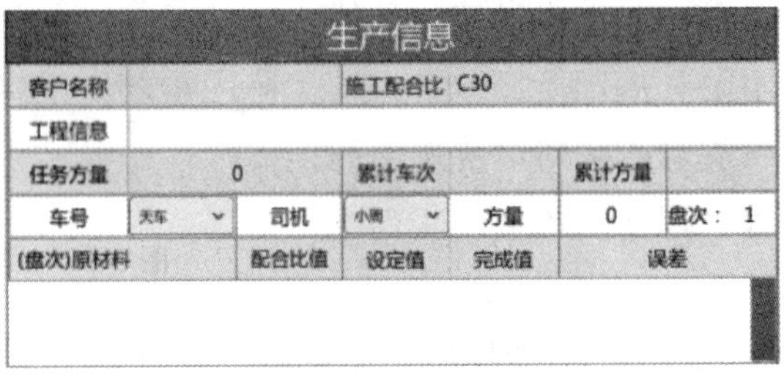

图2-73 "生产信息"窗口

3)在生产过程中会自动生成信息列表,用来查看生产当前任务各原料的标准用量与实际使用量等信息。可以滑动右下方的滑动条查看完整信息。生产信息横向行包括(盘次)原材料、配合比值、设定值、完成值、误差;纵向列共包括细石、石子、砂、水泥、粉煤灰、矿粉、水、外加剂等原料。

①(盘次)原材料:原材料名称;
②配合比值:生产此任务所选的配合比每生产 1 m³ 锤的混凝土各原料的标准用量;
③设定值:生产此构件按照当前所选配合比所需要的各原料标准用量;
④完成值:生产此构件实际使用的各原料用量;
⑤误差:设定值和完成值的数值差。

4)右下方"生产队列"窗口如图2-74所示,该窗口的主要功能是制定生产队列,由生产信息选择和生产队列信息列表两部分组成。

图2-74 "生产队列"窗口

①  C30(砂含水量0%) :用来选择配合比;
②  天车 :用来选择运输车辆;
③  1 :输入所选任务需要的混凝土方量,也可以单击向上的箭头增加生产方量,单击向下箭头减少生产方量;

④ 快速派车：可以生成一组生产数据，并使运输车移动到搅拌机下方；

⑤ 删除：删除一组生产数据；

⑤ ↑：向上移动选择一组生产数据；

⑥ ↓：向下移动选择一组生产数据。

5) 混凝土生产控制区如图 2-75 所示，其主要用来控制混凝土生产并进行一些生成设定，具体功能如下：

图 2-75　混凝土生产控制区

①添加一盘：增加一条生产队列中所选中的一条生产任务；减少一盘：减少一条生产队列中所选中的一条生产任务。

②禁止集卸：选中状态下禁止向搅拌机添加集料，自动生产模式下可由后台控制，无须用户操作。

③禁止投料：选中状态下禁止向搅拌机添加原料（如粉煤灰、水泥、矿粉等），自动生产模式下可由后台控制，无须用户操作；禁止卸砼：选中状态下搅拌机下方卸混凝土门关闭，自动生产模式下可由后台控制，无须用户操作。

④连续生产：选中状态下可以按照生产队列中的顺序连续生产混凝土。

⑤生产设定修改：单击打开生产设定修改窗口。

⑥自动打印：选中状态下生产在每一次生产任务结束时自动生成一个生产报表，并以表格的形式打印出来。

⑦自动响铃：选中状态下在生产过程中，混凝土搅拌完成后，会响铃提示将要卸载混凝土。

⑧启动生产：单击该按钮将开始生产混凝土。

⑨停止：停止当前生产任务；暂停：暂时停止当前生产任务，再次单击该按钮可以恢复生产。

⑩运输单：单击该按钮将打印生产单据。

6) 控制台操作功能区，如图 2-76 所示，此部分功能用来控制混凝土生产设备的启停，特别需要注意的是，打开设备时应先打开电源开关，关闭设备时应最后关闭电源开关，"急停"按钮仅在紧急情况下才可以开启。平皮带和斜皮带用于运输集料。单击向上箭头可以打开设备开关控制窗口，单击向下箭头可以关闭设备开关控制窗口。

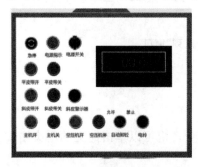

图 2-76　控制台操作功能区

图 2-76 彩图

①电源开:竖直方向为电源关闭状态,水平方向为电源开启状态,可以直接单击按钮进行电源开关控制。

②电源指示:电源开启时为高亮状态●,电源关闭时为暗绿色●(扫描图 2-76 右侧的二维码)。

③急停:此按钮一经启动,生产设备将会马上关闭,停止生产。

④平皮带开:开启平皮带;平皮带关:关闭平皮带。

⑤斜皮带开:开启斜皮带;斜皮带关:关闭斜皮带。

⑥斜皮带警示器:斜皮带遇到异常时自动开启并发出警告信号。

⑦主机开:开启搅拌机;主机关:关闭搅拌机。

⑧空压机开:开启空压机;空压机停:关闭空压机(注:空压机的开启大约需要 10 min,所以,如果生产间歇时间不是太长则不需要关闭空压机)。

⑨自动卸砼:单击此按钮可切换状态,允许时可在混凝土搅拌完成后自动打开卸混凝土门卸载混凝土,禁止时则需要用户单击卸混凝土门开关按钮卸载混凝土。

⑩电铃:单击时可发出警报声音,一般在卸载混凝土完成后发出警报信号,告知下一工序的工作人员混凝土已搅拌完毕,并且运输车已装满搅拌好的混凝土,可以运走。

(6)"预拌混凝土配合比"窗口。该窗口的主要功能是制定、修改配合比,主要由左侧配合比列表,右侧配合比内容输入框两部分组成,具体信息及内容如图 2-77 所示。

图 2-77 "预拌混凝土配合比"窗口

单击选中左侧配合比列表中的任意一条信息,会在右侧显示此配合比的具体信息,包括混凝土的基本参数信息以及各原料用量。如果想修改配合比信息可以直接输入修改或者在下拉列表中选择，待所有想要修改的数据修改完成后单击"保存"按钮，即可保存。其中，制定日期不需要用户输入，单击"保存"按钮时会自动获取系统时间作为配合比制定日期。

若要新增加一组配合比信息，首先单击"增加"按钮，然后一次输入新制定配合比信息的各条数据，操作步骤如上，最后单击"保存"按钮即可完成一组配合比信息的增加。在配合比列表中选中要删除的相关配合比，单击"删除"按钮即可删除。

（7）虚拟窗口。虚拟窗口控制混凝土制作场景，用来全景展示生产过程，此窗口共包含两个按钮，一个文本提示框，其中，黄色为选中状态（扫描图 2-78 右侧的二维码），也代表了当前摄像机所拍摄的位置，如图 2-78 所示。

1）料仓：单击该按钮可把镜头切换到下料仓的位置；

2）搅拌机：单击该按钮可把镜头切换到搅拌机位置。

图 2-78　虚拟窗口　　　　　　　　　　　　图 2-78 彩图

（8）工完料清。在任务操作完成后，单击左侧工具栏中的"工完料清"按钮，该按钮主要用于操作完毕后对操作现场和余料的处理。

（9）考核提交。在计划操作完毕后，结束操作，单击"提交"按钮，进行考核提交，提交完毕后系统自动退出到计划选择页面，如图 2-79 所示。

2. 构件浇筑

构件浇筑模块是混凝土构件生产仿真实训系统的模块之一，主要完成生产前准备、空中运输车运料、布料机上料、布料机浇筑、模床振捣、保温板铺设与固定等工序，既可以根据标准图集结合课程教学进行技能点训练，也是工程案例的重要工艺环节。

（1）用户登录。打开软件后，用户需要输入服务器 IP、服务器端口、账户和密码，单击"登录"按钮，信息验证成功后进入系统主界面，如图 2-80 所示。

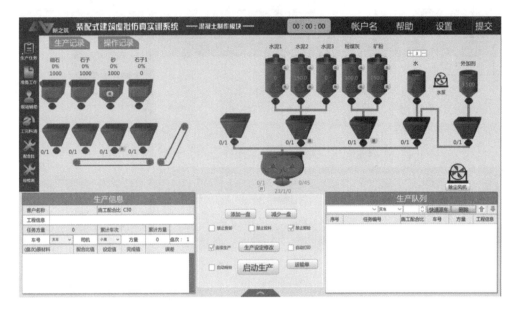

图 2-79 考核提交

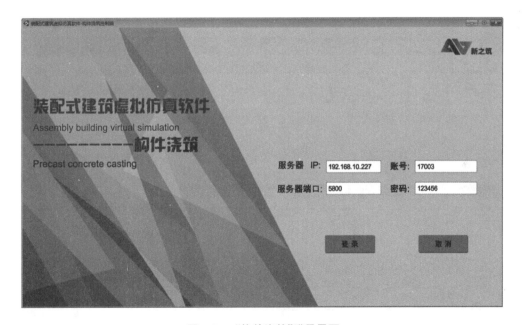

图 2-80 "构件浇筑"登录界面

（2）领取任务。通过系统主操界面的相关操作，学生可以完成构件浇筑过程。

计划列表内的计划信息是由管理端下达分配的，每项计划包括计划编号、实训类型、抗震等级、生产季节、考试时长、状态、选取任务。学生登录系统后，根据学习目的选择相应的计划，单击"请求任务"按钮领取计划（图 2-81），单击"选择计划"按钮加入该计划内需要进行浇筑任务的构件（图 2-82），单击"开始生产"按钮，构件浇筑虚拟端自动启动，进入生产阶段。

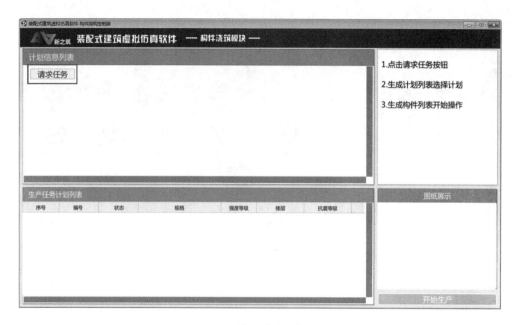

图 2-81　请求任务

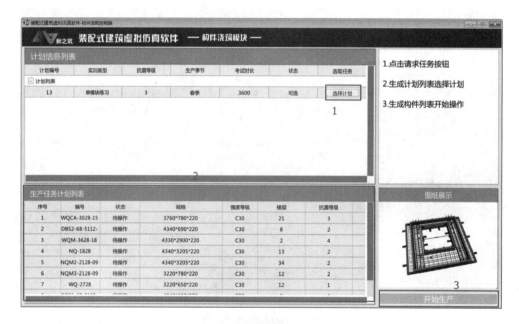

图 2-82　选择计划

右下角"图纸展示"区域展示待操作任务第一块构件在上一工序完成后的成型图片。鼠标指针进入该区域，按住鼠标左键拖动，可移动图片；另外，滚动鼠标滚轮，可缩放浏览图片。

（3）生产任务。进入生产阶段后，系统首先会根据学生选择的生产计划生成相应的生产任务信息，单击"生产任务"按钮，弹出"生产任务列表"窗口，如图2-83所示。

生产任务列表

生产统计　生产总量：9　完成生产量：0　未完成生产量：9

序号	编号	规格(毫米*毫米*毫米)	强度	楼层
1	WQCA-3028-1516	3760*780*220	C30	21
2	DBS2-68-5112-11	4340*690*220	C30	8
3	WQM-3628-1823	4330*2900*220	C30	2
4	NQ-1828	4340*3205*220	C30	13
5	NQM2-2128-0921	4340*3205*220	C30	34
6	NQM3-2128-0921	3220*780*220	C30	12
7	WQ-2728	3220*650*220	C30	12
8	DBS1-68-5112-11	4340*690*220	C30	3
9	DBD68-2712-1	3760*650*220	C30	12

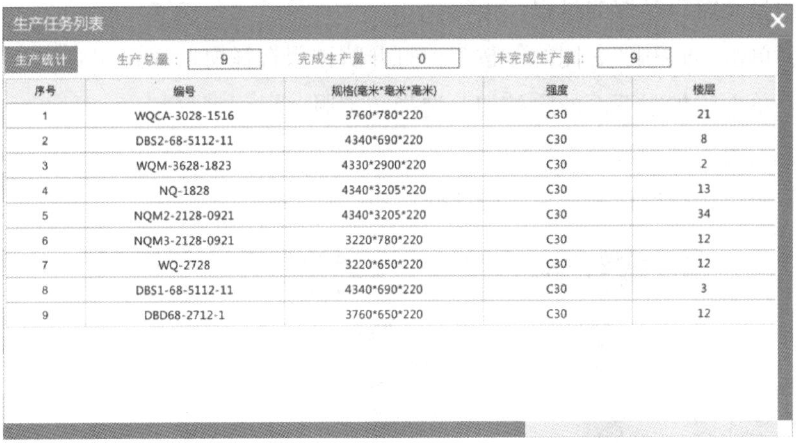

图 2-83　“生产任务列表”窗口

1)生产任务列表由两部分组成，即生产统计信息和构件信息。

2)生产统计信息包括生产总量、完成生产量和未完成生产量。

3)构件信息包括构件序号、编号、规格、体积、强度、楼层、抗震等级、任务是否完成(“是”表示任务完成；“否”表示任务未完成)。

4)窗口右侧、底部设有滚动条，通过拖动滚动条可浏览构件全部信息。在整个生产过程中，学生所要浇筑的构件都会围绕生产任务列表内的内容依次完成。

(4)准备工作。单击“准备工作”按钮，系统弹出“准备工作”窗口，如图 2-84 所示。

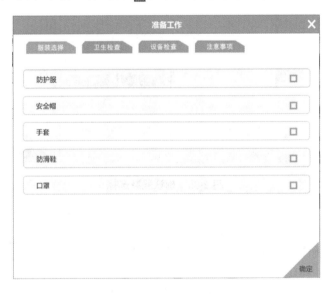

图 2-84　“准备工作”窗口

1)准备工作内容包括服装选择、卫生检查、设备检查和注意事项四项内容。

2)单击每项内容右侧的□按钮，打开对应的操作窗口或者纯选择操作。下面以服装选择为例,展示打开窗口操作的过程。

步骤一:单击"防护服"右侧的▢按钮,打开防护服选择窗口(图 2-85)。

步骤二:单击防护服下面的▢按钮,选择防护服。

步骤三:关闭防护服选择窗口。

步骤四:服装选择操作完毕后,确认操作项(图 2-86)。

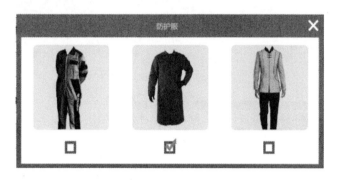

图 2-85　防护服选择窗口

图 2-86　确认服装选择

(5)操作生产。生产阶段的操作步骤如下:

步骤一:请求新任务,控制模台移进 1 号工作区;

步骤二:控制模台从 1 号工作区移进 2 号工作区;

步骤三:控制模台从 2 号工作区移进 3 号工作区(浇筑区);

步骤四:请求上料,控制混凝土空中运输车运输混凝土,并将混凝土倾倒至布料机内;

步骤五:控制布料机,浇筑混凝土;

步骤六:振平混凝土,完成浇筑;

步骤七:控制模台从 3 号工作区移进 4 号工作区,并运走控制模台;

步骤八：结束当前任务。

1）请求新任务。

单击"现场辅助"按钮![按钮图标]，系统弹出"现场辅助"窗口，单击"请求新任务"按钮，模台即进入1号工作区，如图2-87和图2-88所示。

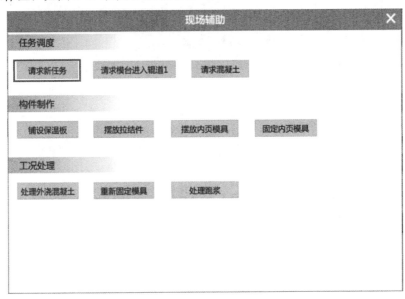

图2-87 "现场辅助"窗口

图2-88 1号工作区

2）模台移进2号工作区。单击图2-87所示窗口中的"请求模台进入辊道1"按钮，模台即进入2号工作区，如图2-89所示。

图2-89　2号工作区

3)模台移进3号工作区(浇筑区)。在辊道1操作界面,单击"前进,后退"按钮![ ],将模台移动方向打至前进后,单击"确认"按钮![ ],模台向浇筑区移动,如图2-90所示。

图2-90　3号工作区(浇筑区)

4)请求上料。在布料操作窗口——上料部分进行如下操作:

①单击左侧"前进"按钮![ ],控制混凝土空中运输车移进搅拌站(图2-91);

②单击"请求混凝土"按钮,在弹出的窗口内输入所要请求的混凝土方量(最大请求量不能超过$2\ m^3$),操作过程如图2-92所示;

图 2-91 搅拌站

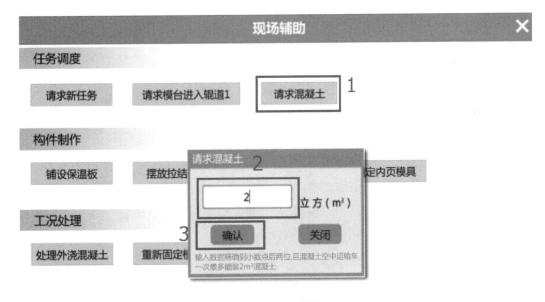

图 2-92 请求下料操作窗口

③下料完毕后,单击布料窗口中的"后退"按钮,控制混凝土空中运输车移进厂内卸料位置(初始位置);

④单击"下翻"按钮,控制混凝土空中运输车翻转,将车内混凝土倾倒至布料机内(图 2-93);

图 2-93 卸料虚拟界面

⑤混凝土空中运输车内的混凝土倾倒完毕后，单击"上翻"按钮![], 控制混凝土空中运输车上翻复位。

5) 浇筑构件一次浇筑。

①调节布料机移动速度界面的左、右箭头![], 设置布料机移动速度；

②单击布料机位置界面中的上、下、左、右箭头![], 控制布料机移动，并移至模台上方；

③调节布料机下料速度界面中的左、右箭头![], 设置布料机下料速度；

④单击"油泵"按钮，按钮状态由![]变为![], 开启油泵；

⑤分别单击![]、![]、![]、![]、![]、![]、![]、按钮，控制布料口的开启与关闭从而控制混凝土的下落，或者打开"联动"按钮![], 单击"下料"按钮![], 统一控制8个阀的开启或者关闭，图2-94所示为混凝土浇筑效果；

⑥单击布料机位置的4个方向箭头，控制布料机向不同方向移动，实现混凝土分布在构件内的不同位置；

⑦单击"运行速度"左、右箭头，控制布料机移动速度。

6) 振平混凝土

一次振动：模台的升降、钩松、钩紧、振动操作方式有半自动操作和手动操作两种方式，在这里选择半自动操作方式。

①打开电源![], 电源指示灯亮起![];

②单击"模台下降"按钮![], 下降模台(图2-95)；

图 2-94 混凝土浇筑效果

图 2-95 模台下降状态

③单击"模台钩紧"按钮,钩紧模台,如图 2-96 所示;
④单击振动器调节窗口两端箭头,设置振动器电流;
⑤单击 8 个电动机按钮,启动电动机,电动机按钮状态由"关"变为"开";
⑥单击"振动启动"按钮,开始振平构件内的混凝土,图 2-97 所示为构件混凝土振平效果;

图 2-96 操台钩紧状态

图 2-97 构件混凝土振平效果

⑦单击"振动停止"按钮，停止振动；

⑧单击"模台钩松"按钮，钩松模台；

⑨单击"模台上升"按钮，升起模台。

注意：振动时间不宜过长，否则将出现浮浆现象，导致构件质量不合格。

另外，外墙板一次浇筑、一次振平完成后，还需进行保温板铺设、拉结件摆放、内页

模具摆放及固定、二次浇筑和二次振平操作,具体步骤如下:

①打开图 2-87 所示窗口,单击"铺设保温板"按钮,图 2-98 所示为铺设保温板效果。

图 2-98　铺设保温板效果

②单击"摆放拉结件"按钮,打开拉结件摆放窗口,输入拉结件距离边缘距离(100~200 mm 的整数)及拉结件间距(400~600 mm 的整数)(图 2-99);拖拽左下角拉结件 ,至十字位置 ,效果如图 2-100 所示。当所有拉结件摆放完毕后,单击"确认"按钮,效果如图 2-101所示。

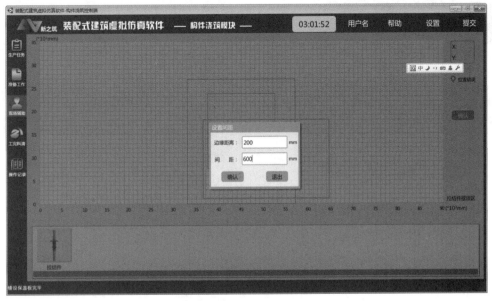

图 2-99　拉结件间距输入窗口

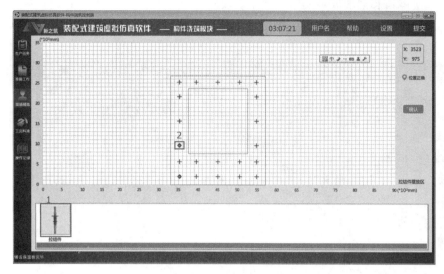

图 2-100 拉结件摆放窗口　　　　　　　　　　　　图 2-100 彩图

图 2-101 拉结件摆放效果

注意：每次拖放过程中，当前被拖放拉结件相对蓝色网格的坐标位置显示在右上角（扫描图 2-100 右侧的二维码）；如拉结件摆放错误，可选中该拉结件，并使用鼠标再次进行拖放，或者通过键盘的上、下、左、右箭头移动其至正确位置。

③单击"摆放内页模具"按钮，图 2-102 所示为摆放内页模具效果。

④单击"固定内页模具"按钮，图 2-103 所示为固定内页模具效果。

图 2-102　摆放内页模具效果

图 2-103　固定内页模具效果

⑤按照一次浇筑的操作步骤,完成内页墙板的浇筑。

⑥按照一次振动操作步骤,完成内页混凝土的振平工序。

7)模台移进 2 号工作区(运走模台)。混凝土振平后,需要移走模台,操作步骤如下:

步骤一:选择操作模式(自动或者手动);

步骤二:选择模台移动方向(前进或后退,前进方向表示模台将向 2 号工作区移动,后退方向表示模台将向1号工作区移动)；

步骤三：控制模台移进2号工作区(自动模式下，单击"半自动启动"按钮；手动模式下，长按"确认"按钮)。

本次操作选择方向为前进，操作模式为自动，单击"半自动启动"按钮后(图2-104)，模台向2号工作区移动，如图2-105所示。

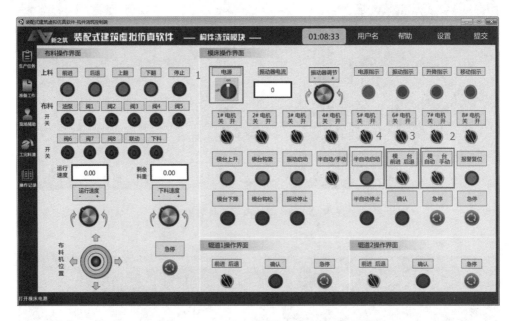

图2-104　浇筑工作区模台移动操作窗口

图2-105　2号工作区

8)结束当前任务。在辊道 2 操作窗口,单击"前进、后退"按钮 , 将模台移动方向打至前进后,单击"确认"按钮 , 模台向前移动直至消失,任务结束前如图 2-106 所示,任务结束如图 2-107 所示。

图 2-106　任务结束前

图 2-107　任务结束

当前任务完成后,可根据生产任务列表请求进行下一个任务,重复前面的步骤,直到所有生产任务完成。

(6)工完料清。

清洗布料机:

①将布料机移至清洗位置(图2-108);

②单击"工完料清"按钮![], 打开"工完料清"窗口;

③在"工完料清"窗口中单击"设备维护"按钮,接着单击"清洗布料机"按钮,虚拟出现高压水枪清洗布料机的效果(图2-109)。

图 2-108　清洗位置窗口

图 2-109　高压水枪清洗布料机效果

最后，注意检查模床电源是否关闭、模床振动器电流是否调至 0、布料机下料及运行速度是否调至 0。

（7）考核提交。生产完成后，单击软件标题处的"提交"按钮，进行考核提交，提交完毕后系统自动进入领取任务界面。用户可重复上面的操作，继续浇筑生产。

2.2.5 混凝土拉毛收光

混凝土拉毛收光模块是混凝土构件生产仿真实训系统的模块之一，主要完成搅拌站生产前准备、构件拉毛、构件赶平、构件预养、构件抹平、工完料清等工序及异常工况处理操作，既可以根据标准图集结合课程教学进行技能点训练，也是工程案例的重要工艺环节。

1. 用户登录

运行软件，进入登录界面。用户在登录窗口输入服务器 IP、服务器端口、账号和密码。单击"登录"按钮，输入信息核对正确，则可正常登录进入混凝土制作界面，如图 2-110 所示。

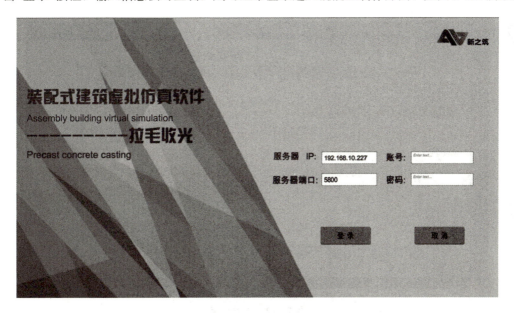

图 2-110 "拉毛收光"登录界面

2. 领取任务

用户登录进入系统后，弹出任务窗口，用户可以选择任务。任务内容主要包括序号、计划号、考试模式，如图 2-111 所示。

3. 生产任务

单击"准备工作"按钮，系统弹出"准备工作"窗口，根据检查项和检查内容，完成各项准备工作，单击"确认"按钮，进入正式生产阶段，如图 2-112 所示。

图 2-111　领取任务

图 2-112　生产任务

4. 拉毛收光生产界面

拉毛收光生产界面左上方工具栏主要包括"配合比""生产任务"等按钮，主界面有模台控制、拉毛/赶平机操作、预养库操作、收光机操作等；"生产任务"按钮用来打开和关闭生产任务窗口，如图 2-113 所示。

5. 准备工作

准备工作主要包括服装选择、卫生检查、设备检查、注意事项四部分的信息，如图 2-114 所示。

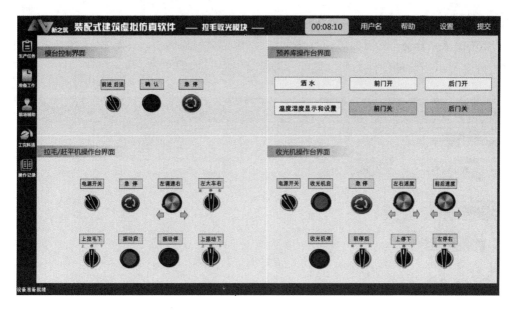

图 2-113 拉毛收光生产界面

图 2-114 准备工作

6. 现场辅助

单击"请求新任务"按钮,虚拟界面此时会出现模台和构件,鼠标指针移动到构件上,构件上则会显示当前的构件类型、温度、湿度等信息,如图 2-115 所示。

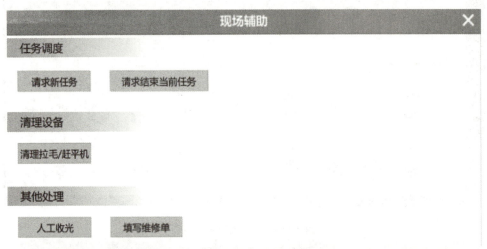

图 2-115 现场辅助界面

7. 模台控制

单击"确认"按钮(模台默认为前进方向),模台自动运行到拉毛收光的位置,如图 2-116 所示。

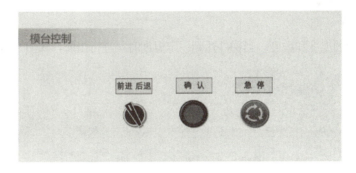

图 2-116　模台控制

8. 拉毛操作

根据构件的需要决定是否进行拉毛（叠合板进行拉毛，墙板除外），如图 2-117 所示。

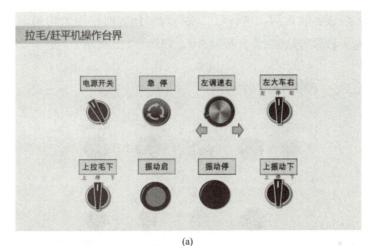

(a)

(b)

图 2-117　拉毛操作界面

9. 预养库操作

控制预养库内的温度和湿度，当构件达到一定温度时，进行出库，如图 2-118 所示。

图 2-118　预养库操作台界面

10. 收光机操作

待混凝土（砂浆）表面收水后，进行第二次压光，压光时应用力均匀，将表面压实、压光，清除表面气泡、砂眼等缺陷（叠合板除外），如图 2-119 所示。

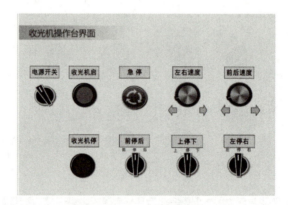

图 2-119　收光机操作台界面

11. 结束任务

构件操作完毕之后，单击"请求任务结束"按钮，结束当前构件的操作，如图 2-120 所示。

图 2-120　结束任务

12. 工完料清

构件提交之后，进行电源关闭、设备复位的相关操作，如图 2-121 所示。

图 2-121　工完料清

13. 任务提交

单击界面左上角的"提交"按钮，进行成绩的提交。程序提交之后会自动跳转到任务选择窗口，如图 2-122 所示。

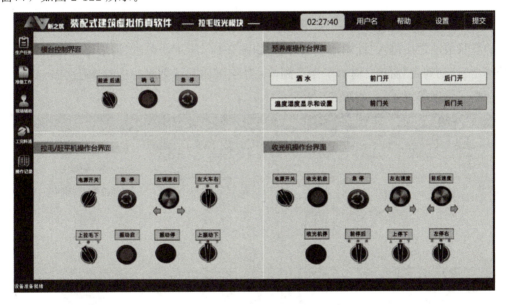

图 2-122　任务提交

2.2.6　构件蒸养与起板入库

1. 构件蒸养

(1)用户登录运行软件，进入"登录"界面。用户在登录窗口输入服务器 IP、服务器端口、账号和密码。单击"登录"按钮，输入信息核对正确，则可正常登录，跳转到领取任务界面,如图 2-123 所示。

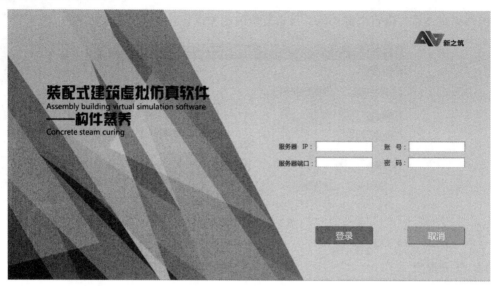

图 2-123 "构件蒸养"登录界面

(2)计划请求。

1)登录成功之后进入"计划请求"界面,如图 2-124 所示,单击"请求任务"按钮 请求任务 ,系统弹出"计划列表"窗口,选择一条计划,系统会弹出与计划对应的具体任务信息(构件编号、规格、强度等级等),如图 2-124 所示。

图 2-124 "计划请求"界面

2)单击"开始生产"按钮 开始生产 ,进入构件蒸养主界面,即可进行训练或考核,如图 2-125 所示。

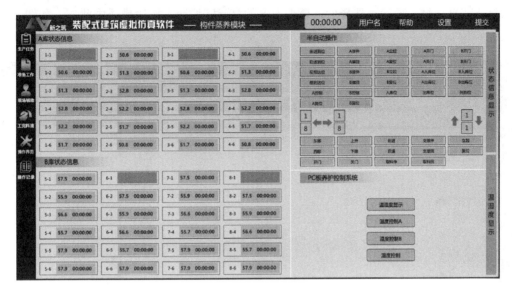

图 2-125　构件蒸养主界面

(3)生产任务。

1)在左侧工具栏中单击"生产任务"按钮,系统弹出"生产任务列表"。用户可以查看待操作的任务信息。

2)单击"操作"属性中的"前去入库"或者"前去出库"按钮,开始任务操作,如图 2-126 所示。

图 2-126　生产任务列表

(4)准备工作。在左侧工具栏中单击"准备工作"按钮,系统弹出准备工作界面。准备工作主要用于核查生产前的准备工作,该界面包括服装选择、卫生检查、设备检查、注意事

75

项四部分信息。每一项检查选择后,单击下方的"确认"按钮,按钮呈选中状态,如图 2-127 所示。

图 2-127 准备工作

(5)现场辅助。

1)左侧工具栏的"现场辅助"按钮主要用于模台操作、结束任务和工况处理。在生产任务列表中选择任务后,根据任务情况单击"模台前进"或"模台后退"按钮。

2)入库或出库任务结束后,单击"请求结束当前任务"按钮,可返回"生产任务"窗口,继续选择其他任务操作,如图 2-128 所示。

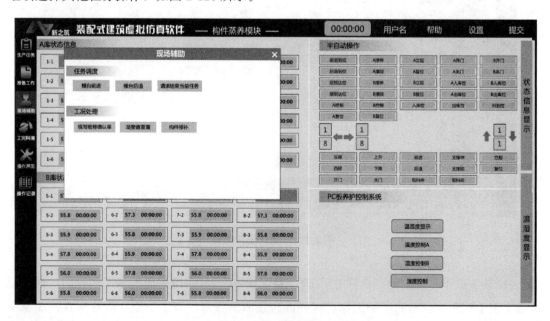

图 2-128 现场辅助

(6)工完料清。单击左侧工具栏中的"工完料清"按钮,工完料清主要用于操作完毕后,用户对操作现场和余料的处理,如图 2-129 所示。

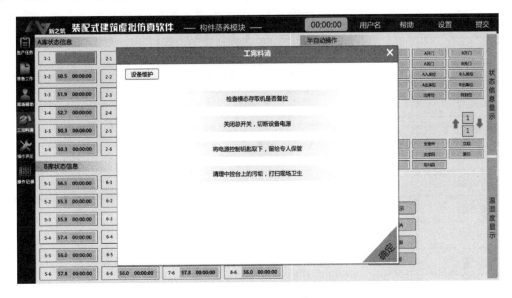

图 2-129 工完料清

(7)操作界面。

1)操作界面说明。构件蒸养的主要设备包括模台、蒸养库和模台存取机。蒸养库主要用于对构件进行蒸养操作,通过操作台控制模台存取机,从而实现模台的移动和构件的存取操作。单击右侧"操作界面"按钮,弹出蒸养操作界面。该界面主要包括操作按钮,操作按钮又包括东移、西移、上升、下降、支撑伸、支撑回、取料伸、取料回、立起、复位等,如图 2-130 所示。

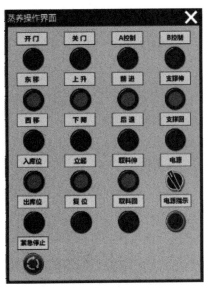

图 2-130 蒸养操作界面

2)操作按钮的作用,见表2-2。

表2-2 操作按钮的作用

操作按钮的名称	作用
电源	控制电源的通断
急停	设备紧急停止
总控制	按下后所有按钮都失效
开门	开启养护库室门
关门	关闭养护库室门
左控制	对左侧养护库进行操作
右控制	对右侧养护库进行操作
东移	控制模台存取机向东移动
西移	控制模台存取机向西移动
前进	控制模台前进
后退	控制模台后退
支撑伸	伸出四个支撑,起固定作用
支撑回	收回四个支撑
入库位	入库信号
出库位	出库信号
立起	左右同时立起
复位	左右同时复位
取料伸	推杆将模台推入养护库内
取料回	推杆带动模台向后运动

(8)构件蒸养主界面。构件蒸养主界面主要包括蒸养库状态、当前操作台状态、PC板养护控制系统,如图2-131所示(扫描其右侧的二维码)。

1)蒸养库状态。

①上面为A库状态,下面为B库状态。

②每个库位图片包含库号、库温、蒸养时间。

③库位图片成红色:该库位为出入通道,不能入库蒸养;库位图片成黄色:该库位已有构件正在蒸养;库位图片成蓝色:该库位空置,无构件。

④构件入库后,蒸养库图片成黄色,并且开始计算蒸养时间。

⑤构件出库后,蒸养库图片恢复成蓝色,清空蒸养时间,恢复到"00:00:00"。

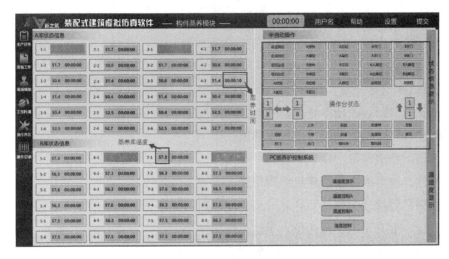

图 2-131 构件蒸养主界面   图 2-131 彩图

2)操作台状态。构件蒸养主界面右上角为操作台界面。当操作台有动作正在执行时，图片成黄色。

3)PC 板养护控制系统。构件蒸养主界面右下角为 PC 板养护控制系统，显示当前蒸养库温、湿度情况。单击"温湿度显示"按钮，可显示当前蒸养库当前的温、湿度情况，如图 2-132 所示；单击"温度控制 A"按钮，可修改 A 库的蒸养温度，如图 2-133 所示，注意在温度设定 A 中，输入温度后，需要按 Enter 键确定。

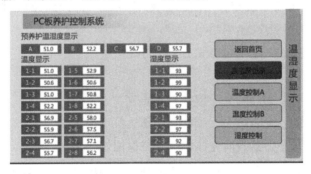

图 2-132 "温湿度显示"按钮

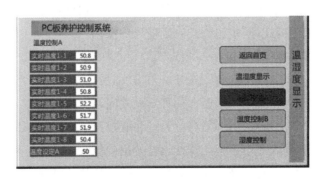

图 2-133 "温度控制 A"按钮

(9)菜单。在界面上方，显示当前账户名、考核时间、提交信息等。单击"提交"按钮后可返回计划请求界面。

(10)操作流程。

1)入库操作步骤(目标位置5-3)：

①在任务列表中选择"待入库"任务，单击"前去入库"按钮。

②单击"模台前进"按钮，将模台运行至入库通道。

③单击"电源"按钮，开启电源。

④单击"前进"按钮，模台前进至取模机中间位置。

⑤单击"东移"按钮，将移动架移至4列和5列之间，列到位灯亮。

⑥单击"上升"按钮，上升至5层预达位，预达位灯亮。

⑦单击"支撑伸"按钮，左右4个支撑伸出，伸出到位时左撑伸和右撑伸灯亮。

⑧单击"下降"按钮，下行灯亮，到达5层到达位，预达位灯灭，5层到达位灯亮。

⑨单击"左控制"按钮，控制左侧蒸养库，左控制灯亮。

⑩单击"入库位"按钮。

⑪单击"后退"按钮，模台进入养护库，后退到位指示灯灭(此时模台未完全到位)。

⑫单击"开门"按钮，左侧门开，开门灯亮。

⑬单击"立起"按钮，左立起和右立起灯亮。

⑭单击"前进"按钮，模台移至移动架内，此时前进到位灯、后退到位灯应同时亮起。

⑮单击"取料伸"按钮，支撑伸灯亮。取料杆伸出，推杆到位后对应的左入库位指示灯亮。

⑯单击"取料回"按钮，左复位灯和右复位灯亮。

⑰单击"复位"按钮，复位灯亮。

⑱单击"关门"按钮，关门灯亮。构件入库完成。

⑲单击"上升"按钮，上行灯亮。到达5层预达位，预达位灯亮。

⑳单击"支撑回"按钮，到位时左撑回灯和右撑回灯亮。

㉑单击"下降"按钮，下行灯亮，直至下降到1层到达位，1层到达位灯亮。

㉒单击"西移"按钮，西移灯亮。模台随移动架到达出口位置。

㉓单击"前进"按钮，前进灯亮。模台随移动架到达清扫机附近，对模台进行清理。

㉔单击"请求结束当前任务"按钮，结束当前入库操作。

2)出库操作步骤(目标位置5-3)：

①在生产任务列表中选择"待出库"任务，单击"前去出库"按钮。

②单击"东移"按钮，将移动架移至4列和5列之间，列到位灯亮。

③单击"上升"按钮(上行灯亮，层到位后，层到位灯亮，直至5层到达位灯亮)。

④单击"支撑伸"按钮，左右四个支撑伸出，伸出到位时左撑伸灯和右撑伸灯亮。

⑤单击"下降"按钮，下行灯亮。到达5层到达位，预达位灯灭，5层到达位灯亮。

⑥单击"左控制"按钮，控制左侧蒸养库，左控制灯亮。

⑦单击"出库位"按钮。

⑧单击"开门"按钮,左侧门开,开门灯亮。

⑨单击"取料伸"按钮,支撑伸灯亮。取料杆伸出,推杆到位后对应的左出库位指示灯亮起。

⑩单击"立起"按钮,左立起灯和右立起灯亮。

⑪单击"后退"按钮,模台进入出库通道,待后退到位指示灯灭。

⑫单击"取料回"按钮,左复位灯和右复位灯亮,左出库位灯灭。

⑬单击"复位"按钮,(立起)复位灯亮。复位灯亮后,模台自动进入移动架,前进到位和后退到位指示灯亮后,模台到位准确。

⑭单击"关门"按钮,关门灯亮。构件出库完成。

⑮单击"上升"按钮,上行灯亮。到达5层预达位,预达位灯亮。

⑯单击"支撑回"按钮,到位时左撑回灯和右撑回灯亮。

⑰单击"下降"按钮,下行灯亮,直至下降到1层到达位,1层到达位灯亮。

⑱单击"西移"按钮,西移灯亮。模台随移动架到达出口位置。

⑲单击"前进"按钮,模台送出蒸养库,前进到位灯亮。

⑳单击"请求结束当前任务"按钮,结束当前入库操作。

(11)工况说明。构件蒸养模块包含蒸养库湿度设置不合理工况、支撑系统伸张或回位工况两种。

1)湿度设置不合理工况。蒸养库湿度正常范围为90%~100%,如图2-134所示,如果湿度值小于此范围,那么说明出现了蒸养库湿度设置不合理的情况,需要单击"现场辅助"按钮,在"现场辅助"窗口中单击"湿度值重置"按钮,如图2-135所示,将湿度值重置到合理范围,工况解决。

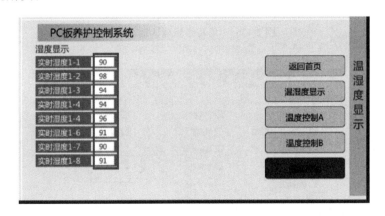

图2-134 湿度控制

2)支撑系统伸张或回位工况。出现该工况后,在关门时无法将门关闭,解决此工况需要单击"现场辅助"按钮,在弹出的"现场辅助"窗口中单击"填写维修确认单"按钮,如图2-136所示,系统弹出"维修单"窗口,选择"蒸养库"选项,单击"提交"按钮,如图2-137所示,工况解决。

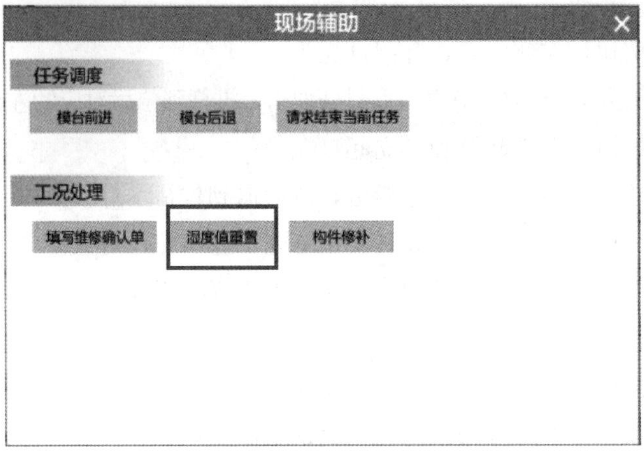

图 2-135 “湿度值重置”按钮

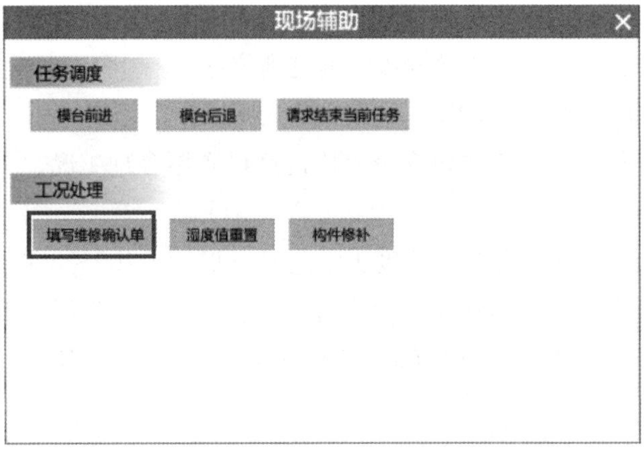

图 2-136 “填写维修确认单”按钮

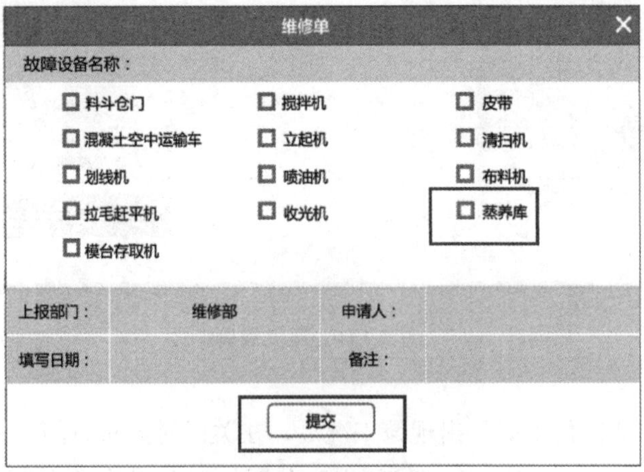

图 2-137 “维修单”窗口

注意：构件蒸养模块中每块构件蒸养时间以真实数据为准，平均蒸养时间大概需要48 h，因此，构件入库后不应立刻出库，否则构件强度为0，成绩不合格。

2. 起板入库

(1)用户登录。运行软件，进入登录界面，如图2-138所示。用户在登录界面输入服务器IP、服务器端口、账号和密码。单击"登录"按钮，输入信息核对正确，则可正常登录进入起板入库模块的计划选择界面。

图2-138 "起板入库"登录界面

(2)选择计划。

1)进入计划选择界面后，单击"请求任务"按钮 请求任务 ，系统弹出计划列表，用户进行计划选择。计划内容主要包括计划号、实训类型（练习和考核两种模式）、考核时长等。例如：用户选中15号计划，单击该条计划，下侧生产任务计划列表则会弹出该计划，如图2-139所示。

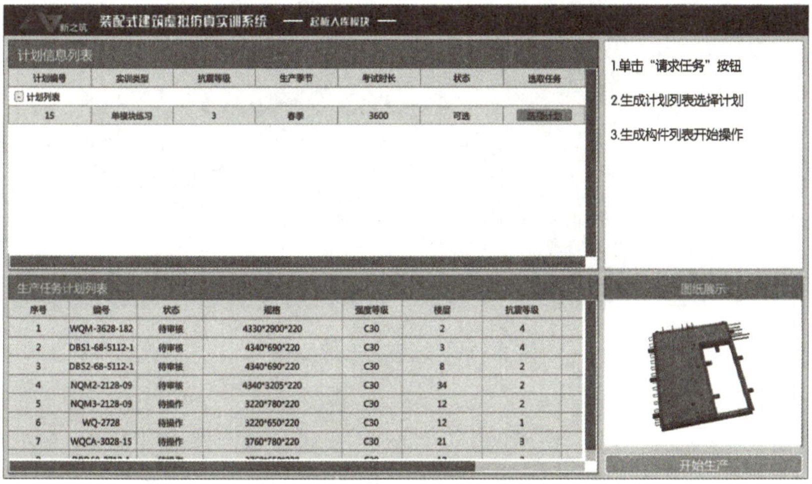

图2-139 选择计划

2)单击"开始生产"按钮,进入起板入库生产控制窗口,如图 2-140 所示。

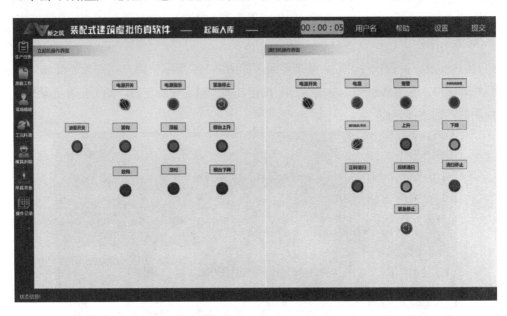

图 2-140　开始生产

3)进入起板入库生产控制窗口的同时,系统自行启动起板入库虚拟端(双机时需要自行启动起板入库虚拟端),如图 2-141 所示。

图 2-141　起板入库虚拟端

(3)生产任务。单击左侧工具栏中的"生产任务"按钮,系统弹出"生产任务列表"。用户可以查看已选中的任务,主要包括生产总量、完成生产量、未完成生产量、序号、编号、构件规格等信息,如图 2-142 所示。

图 2-142　生产任务列表

(4)准备工作。单击左侧"准备工作"按钮，弹出"准备工作"窗口，依次进行服装选择、卫生检查、设备检查、注意事项查看等准备工作，每项准备工作完成时，需单击"确认"按钮，如图 2-143 所示。

图 2-143　"准备工作"窗口

(5)构件拆模。

1)单击"现场辅助"按钮，系统弹出现场辅助界面，再单击"请求新任务"按钮，虚拟界面会出现蒸养后的模台、模具和构件，如图 2-144 所示。

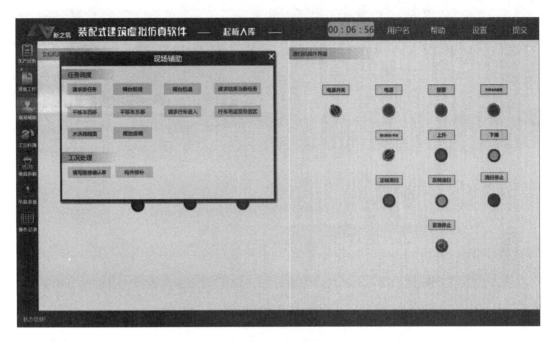

图 2-144 请求新任务

2)单击"模台前进"按钮,操作模台至拆模位置,将视角切换至拆模视角,如图 2-145 所示。

图 2-145 拆模视角

3)单击"模具拆除"按钮,在弹出的拆模窗口中,先选择模具,再单击"拆模"按钮,通过控制端操作,实现虚拟端的拆模,如图 2-146 所示。

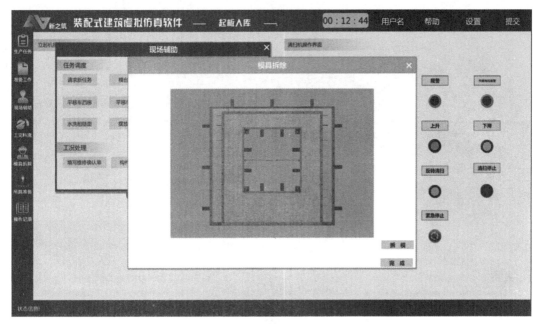

图 2-146 模具拆除

4)全部拆除后,单击"完成"按钮,关闭拆模窗口。

(6)构件水洗。

1)依次单击"现场辅助"→"平移车西移"按钮,操作平移车西移至水洗工作位,切换视角到构件水洗视角,如图 2-147 所示。

图 2-147 构件水洗视角

2)单击"模台前进"按钮,操作模台前进至水洗工作位的平移车上,如图 2-148 所示。

图 2-148 模台前进至平移车

3)单击"水洗粗糙面"按钮,操作高压水枪冲洗构件,如图 2-149 所示。
4)构件冲洗完成后,单击"平移车东移"按钮,操作平移车移动到下线。
(7)构件起板脱模。
1)单击"模台前进"按钮,操作模台前进至立起机上,如图 2-150 所示。

图 2-149 构件冲洗

图 2-150 模台前进至立起机

2)单击"吊具准备"按钮,在吊具准备窗口选择合适的吊具和吊钩间距,如图 2-151 所示。

图 2-151　吊具准备

3)单击现场辅助界面中的"请求行车进入"按钮,操作行车移动到模台,钩住构件挂钩,如图 2-152 所示。

图 2-152　钩住构件挂钩

4)单击现场辅助界面中的"摆放底模"按钮,摆放底模,如图 2-153 所示。

图 2-153 摆放底模

5)在立起机操作面板上,打开电源开关,依次单击"油泵"→"紧钩"→"顶起"按钮,固定模台;同时,将视角切换至起板视角,如图 2-154 所示。

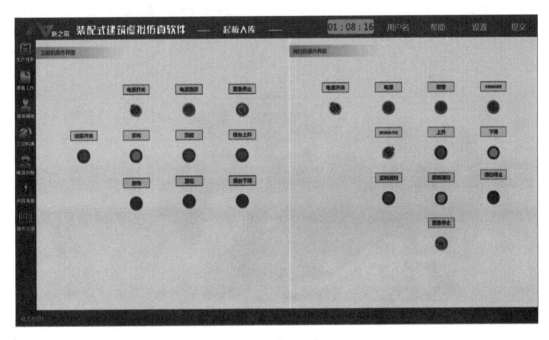

图 2-154 立起机操作面板

6)单击"模台上升"按钮,操作立起机立起到起吊角度,如图 2-155 所示。

图 2-155 操作立起机

7)单击现场辅助界面中的"行车吊运至存放区"按钮,操作行车将构件运送至存放区,如图 2-156 所示。

图 2-156 将构件运送至存放区

8)单击"模台下降"按钮,将模台下降到水平位置,依次单击"放钩"→"顶松"按钮,解除模台固定,关闭立起机,如图 2-157 所示。

图 2-157 关闭立起机

(8)模台清理。

1)将视角切换至清扫视角,在清扫机操作面板上,打开电源开关,将"清扫自动/手动"按钮拨至清扫自动位置,对模台进行清理,如图 2-158 所示。

图 2-158 模台清理

2)模台清理完成后,单击电源开关,关闭清扫机。

3)待模台移动出清扫区后,单击现场辅助界面中的"请求结束当前任务"按钮,完成一块构件的起板入库工作。

任务 2.3　附图

2.3.1　设计说明

(1)本工程为某学校装配式建筑教学实训示范基地,结构类型为装配式框架混凝土结构,层高为 3.9 m,外墙为预制混凝土保温夹心外墙板,楼板为叠合楼板,楼梯为预制板式楼梯。

(2)施工图中标高单位为米(m),尺寸为毫米(mm),注明者除外。

(3)混凝土强度等级:基础底板垫层为 C15,其余均为 C30。

(4)钢筋种类选用 HPB300 级、HRB335 级、HRB400 级;钢材牌号选用 Q235B、Q345B。

(5)环境类别为一类,结构设计使用年限为 50 年,墙、板混凝土的保护层厚度为 15 mm,梁、柱的混凝土保护层厚度为 20 mm,基础的混凝土保护层厚度为 40 mm。

(6)现浇部分纵向钢筋的搭接、锚固长度执行国家标准图集 16G101 的相关构造要求。

(7)楼板采用 PK 预应力混凝土叠合楼板,叠合层支座负筋的混凝土保护层为 15 mm。

(8)构件详图参考国家标准图集《预制混凝土剪力墙外墙板》(15G365-1)、《预制混凝土剪力墙内墙板》(15G365-2)、《桁架钢筋混凝土叠合板(60 mm 厚底板)》(15G366-1)、《预制钢筋混凝土板式楼梯》(15G367-1)等。

2.3.2　实训图纸

(1)基础平面布置图及基础详图如图 2-159 所示。

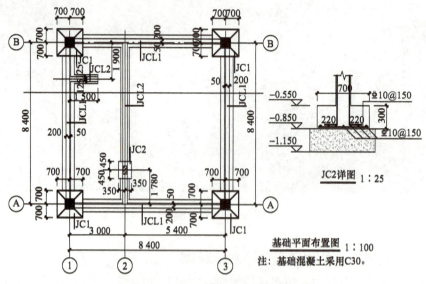

图 2-159　基础平面布置图及基础详图

(2)柱平面布置图如图 2-160 所示。

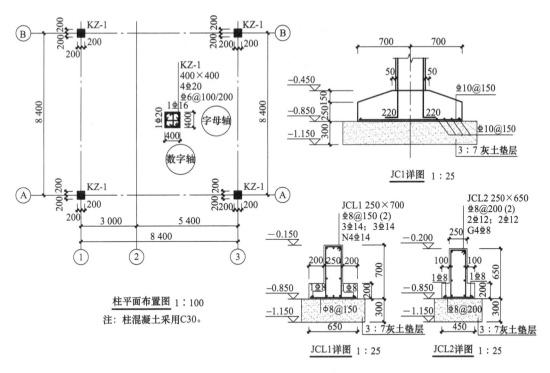

图 2-160　柱平面布置图

(3)3.900 m 层梁配筋平面图如图 2-161 所示。

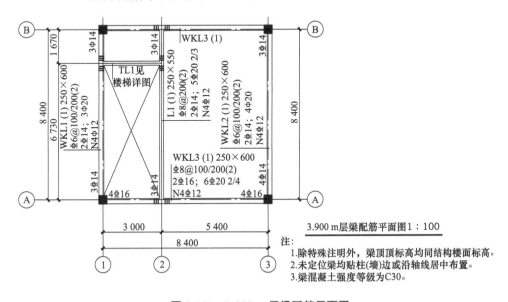

图 2-161　3.900 m 层梁配筋平面图

(4)3.900 m 层 PK 板布置平面图如图 2-162 所示。

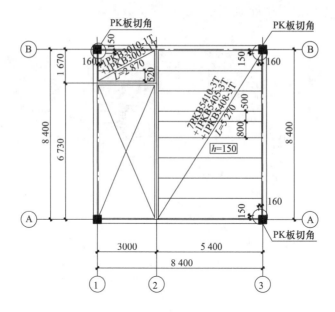

图 2-162 3.900 m 层板布置平面图

(5)3.900 m 层板配筋平面布置图如图 2-163 所示。

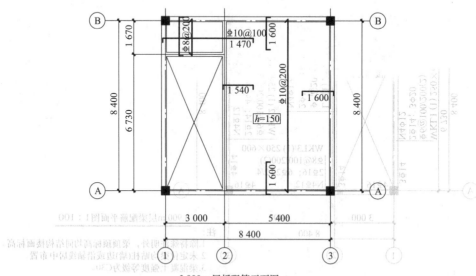

图 2-163 3.900 m 层 PK 板配筋平面布置图

(6)外墙板尺寸平面布置图如图 2-164～图 2-166 所示。

(7)楼梯平面图及节点详图如图 2-167 所示。

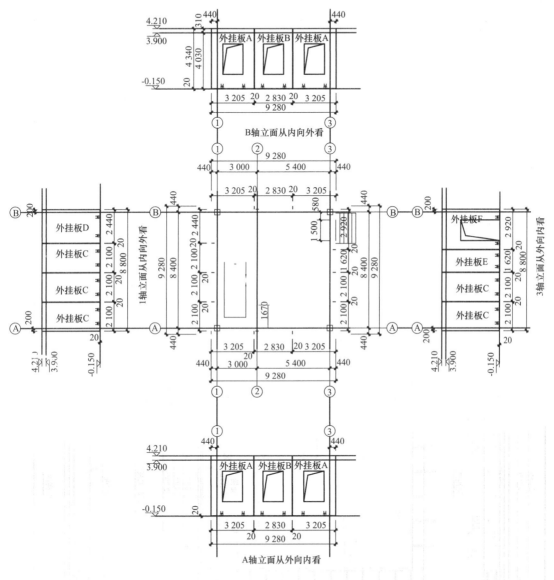

图 2-164　外墙板尺寸平面布置图

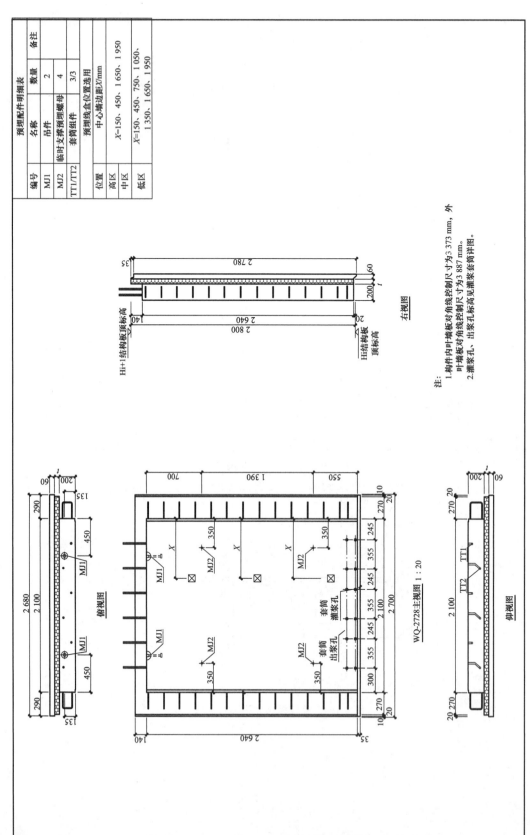

图 2-165 WQ-2728 模板图

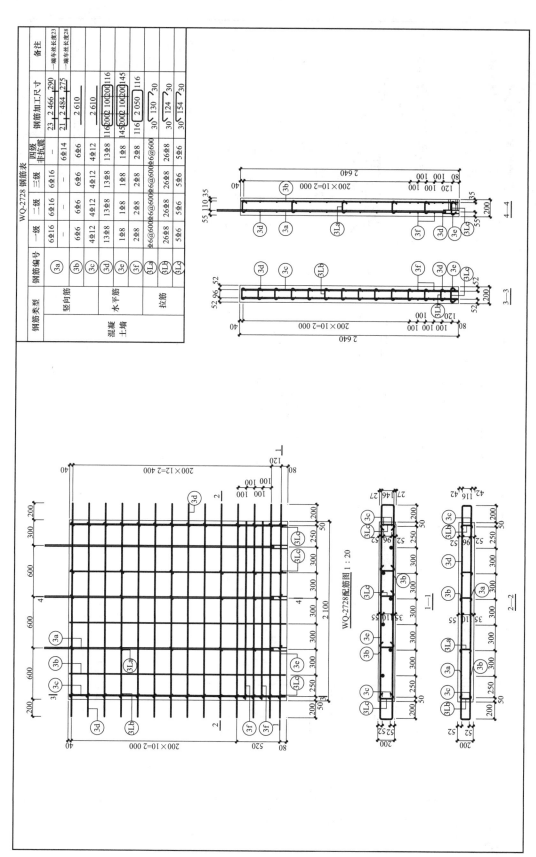

图 2-166 WQ-2728 配筋图

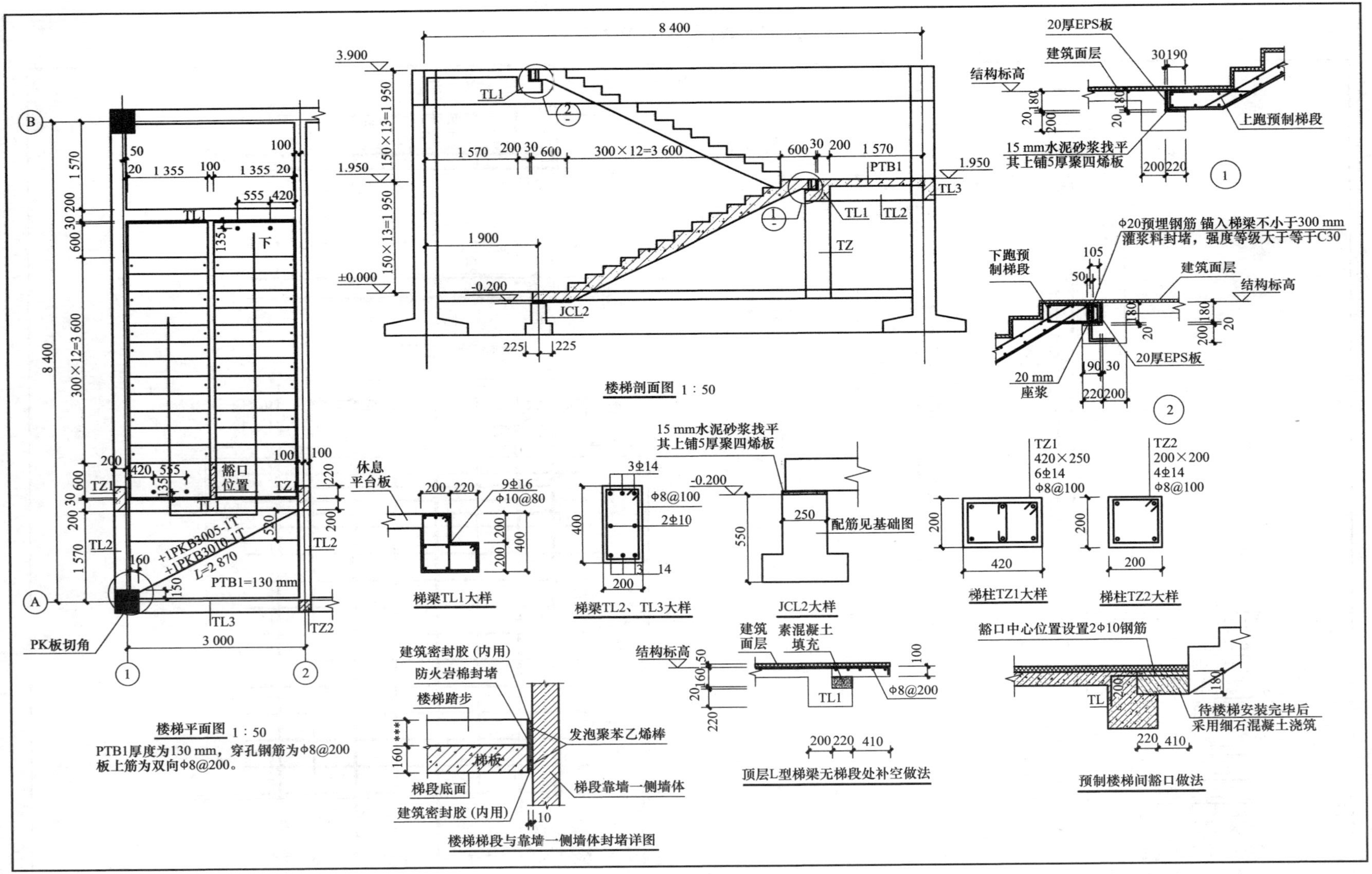

图 2-167 楼梯平面图及节点详图

项目 3　装配式混凝土结构施工

任务 3.1　任务书

3.1.1　目的和要求

1. 教学目的

(1)加深对装配式混凝土剪力墙结构施工流程的理解,掌握构件吊装、构件安装、套筒灌浆等施工工艺。

(2)通过课程设计的实际训练,使学生能够按照装配式剪力墙结构现场施工的要求进行施工流程的划分,并能熟练地掌握套筒灌浆等关键技术要点,使学生能将理论知识运用到实践应用中去。

(3)通过课程设计的实际训练,使学生掌握构件装车码放与运输控制、现场装配准备与吊装、构件灌浆、现浇连接、质检与维护等主要环节的施工技术。

(4)掌握利用实训平台进行装配式建筑现场施工各岗位的技能实操训练。

2. 教学具体要求

(1)要求利用虚拟现实仿真实训软件完成某工程竖向构件(剪力墙)和水平构件(叠合楼板、楼梯、阳台等)相关岗位的实操训练。

(2)课程实训期间,必须发扬实事求是的科学精神,进行深入分析研究和计算,按照指导要求进行操练,严禁捏造、抄袭等坏的作风,力争使自己达到先进的实训水平。

(3)课程实训应独立完成,遇到有争议的问题时可以相互讨论,但不准抄袭他人。否则,一经发现,相关责任者的课程实训成绩以零分计。

3.1.2　内容安排

1. 工程资料

已知某工程资料如下:

(1)构件施工图及节点详图见附图(见任务 3.3)。

(2)结构设计说明见工程施工图(见任务3.3)。

(3)其他未尽事项,可根据规范、图集及具体情况讨论选用,并在编制说明中注明,例如塔式起重机类型的选择、灌浆料的种类等。

2. 教学内容

(1)利用学校真实实训环境完成现场装配准备与吊装、构件灌浆、现浇连接等工艺流程实训。

(2)利用实训平台模拟完成构件装车码放与运输控制、现场装配准备与吊装、构件灌浆、现浇连接、质检与维护等实操训练,并生成成绩报表。

3.1.3 时间安排

教学时间安排见表3-1。

表3-1 教学时间安排

序号	内容	时间/天
1	进行实训准备工作及熟悉图纸,进行项目划分	0.5
2	进行构件装车码放与运输控制实训,并生成成绩报表	0.5
3	进行现场装配准备与吊装实训,并生成成绩报表	1.0
4	进行构件灌浆实训,并生成成绩报表	1.0
5	进行现浇连接实训,并生成成绩报表	1.0
6	进行质检与维护实训,并生成成绩报表	0.5
7	进行实训任务检查并上交	0.5
8	合计	5.0

任务3.2 指导书

3.2.1 构件装车码放与运输控制

1. 用户登录

打开软件后,用户需要输入服务器IP、服务器端口、账户和密码,单击"登录"按钮,信息验证成功后进入系统主界面,如图3-1所示。

图 3-1 "构件运输"登录界面

2. 领取任务

通过系统主界面的相关操作，学生可以完成构件浇筑过程。

计划列表内的计划信息是由管理端下达分配的，每项计划包括计划编号、实训类型、抗震等级、生产季节、考试时长、状态和选取任务。学生登录系统后，根据学习目的选择相应的计划，单击"请求任务"按钮领取计划（图 3-2），单击"选择计划"按钮加入需要进行浇筑任务的构件（图 3-3），单击"开始生产"按钮，系统将自动调用浇筑虚拟端，进入生产阶段。

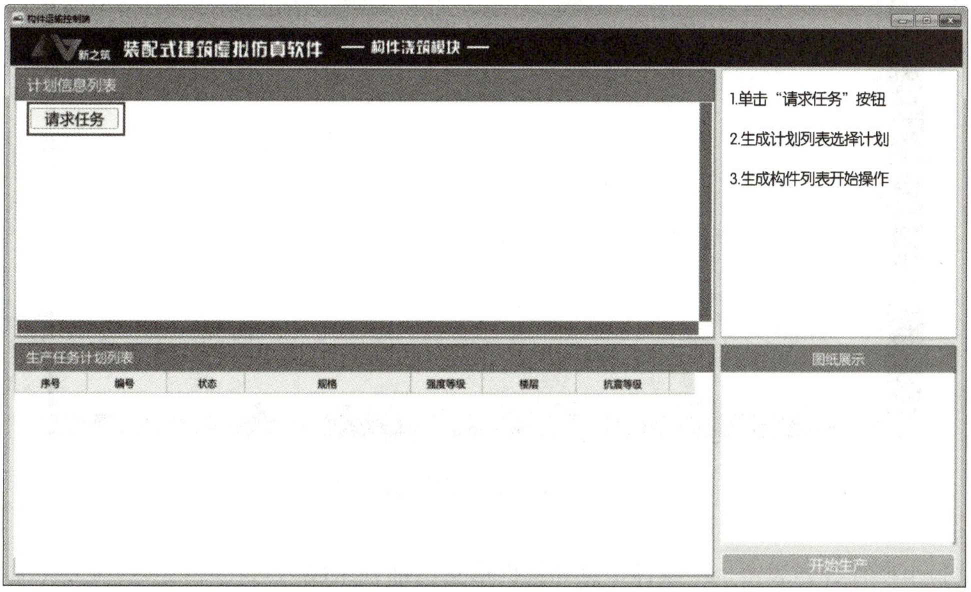

图 3-2 请求任务

103

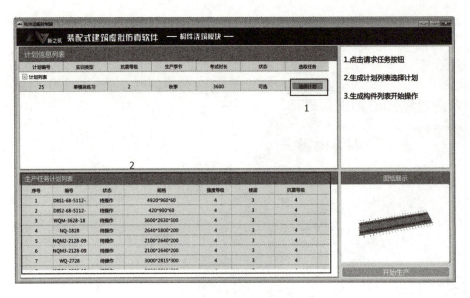

图 3-3 选择计划

右下角区域展示待操作任务第一块构件在上一工序完成后的成型图片。鼠标指针进入该区域，按住鼠标左键拖动，可移动图片；另外，滚动鼠标滚轮，可缩放浏览图片。

3. 生产任务

进入生产阶段后，系统首先会根据生产计划生成相应的生产任务信息，单击"生产任务"按钮，系统弹出生产任务列表，如图 3-4 所示。

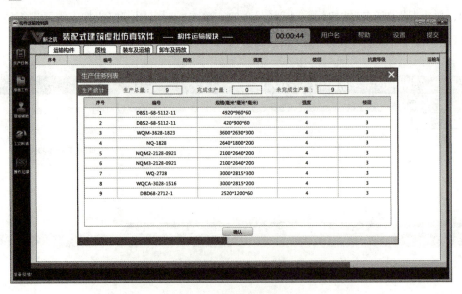

图 3-4 生产任务列表

(1)生产任务列表由生产统计信息和构件信息两部分组成。
(2)生产统计信息包括生产总量、完成生产量和未完成生产量。

(3)构件信息包括构件序号、编号、规格、体积、强度、楼层、抗震等级和任务是否完成("是"表示任务完成;"否"表示任务未完成)。

(4)窗口右侧、底部设有滚动条,通过拖动滚动条可浏览构件全部信息。在整个生产过程中,学生所要浇筑的构件都会围绕生产任务列表内的内容依次完成。

4. 操作生产

生产阶段的操作步骤如下:

步骤一:根据构件类型选择正确的运输车辆,并制定运输列表;

步骤二:进行构件质检操作;

步骤三:进行构件装车及运输操作;

步骤四:进行构件卸车操作。

(1)选择运输车辆。单击"生产任务"按钮，系统弹出窗口,单击运输车名称/长/宽/高/载重所在列的下拉菜单,选择构件运输车辆,并选中构件,单击"确认"按钮,制定运输构件列表。下面以构件编号为 NQ-1828 的墙板为例,介绍构件运输过程,如图 3-5～图 3-7 所示。

图 3-5 制定运输构件列表

图 3-6 NQ-1828 构件

图 3-7　NQ-1828 构件的运输车

(2)构件质检。在运输构件列表中,单击图标◎,选中该构件,图标变为◉,即可对该构件进行质检操作,质检内容主要包括检查构件尺寸、平整度、外观质量、强度、构件信息,下面以检查构件尺寸为例进行说明:

第一步:选择尺寸测量工具,如图 3-8 所示。

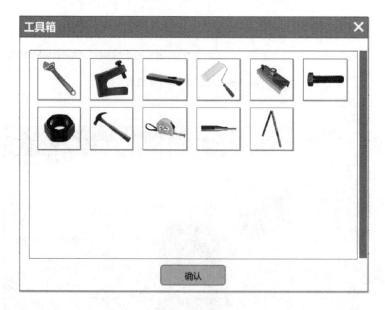

图 3-8　工具箱

第二步:开始测量,如图 3-9 所示。

图 3-9　NQ-1828 构件尺寸测量虚拟效果

第三步：记录构件尺寸测量结果，如图 3-10 所示。

图 3-10　记录构件尺寸测量结果

(3)构件装车及运输。质检完毕后，单击图标☐，选中该构件，图标变为☑，单击界面上方"装车及运输"按钮，界面切换至"装车及运输"界面，在左下角可看到需要装车的构件图片(图 3-11)。构件装车操作主要包括选择装车器具、确认装车、绑扎固定、确认发货单、确认交通审批单和根据路况选择运输车移动速度。

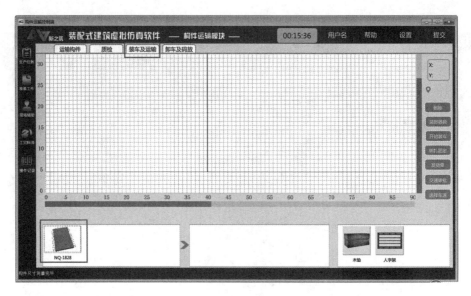

图 3-11 "装车及运输"界面 1

1)选择装车器具。在"装车及运输"界面左下角的构件栏里,选择构件(可多选),单击窗口右侧的"装卸器具"按钮,弹出装卸器具选择窗口,单击 □ 变为 ☑ 选中器具,单击"下一步"按钮,进行下一个器具的选择,选择完毕后单击"确认"按钮,构件则进入中间横栏,如图 3-12 所示。

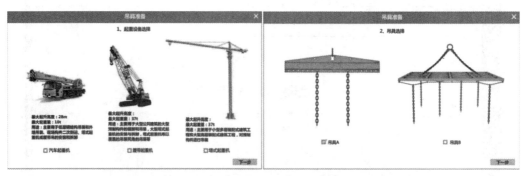

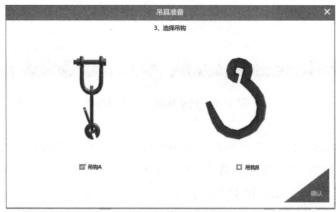

图 3-12 装卸器具选择窗口

2)开始装车,如图 3-13 所示。

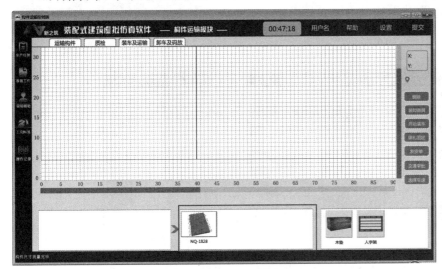

图 3-13 "装车及运输"界面 2　　　　　　　　　　图 3-13 彩图

在图 3-13 中的紫色框内(扫描图 3-13 右侧的二维码),选中构件(单选),根据构件不同,在窗口右下角处为构件放置木垫或人字架,并将其拖放至二维网格窗口进行摆放(黑色边框范围为车厢),如图 3-14 所示。

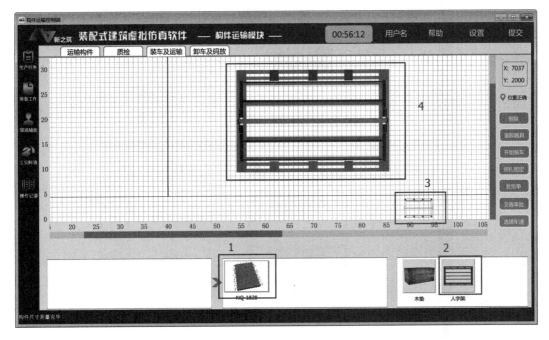

图 3-14　拖放人字架

拖放过程中,人字架在网格中的位置将在"装车及运输"界面右上角处实时显示,同时在处提示人字架摆放位置是否正确。人字架摆放正确后,拖放构件并选择构件摆放方式(图 3-15),通过不断的拖放操作,移动构件,直到构件被正确放于人字架上。构件摆放位置正确后,系统不允许继续移动构件,单击"开始装车"按钮,虚拟端将更加逼真地展示该构件的装车过程(图 3-16)。

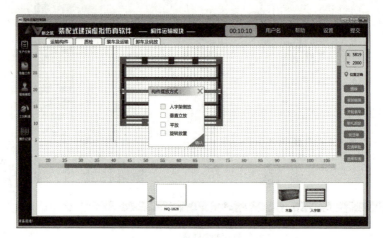

图 3-15 选择构件摆放方式

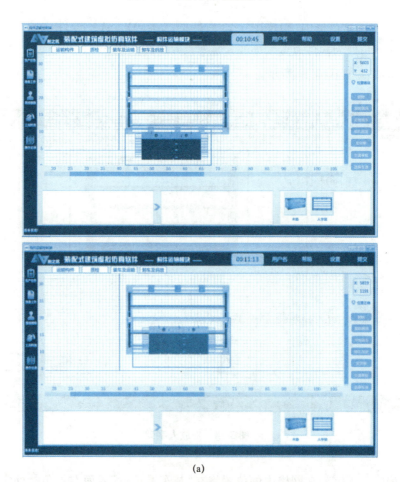

(a)

图 3-16 拖放构件

(a)拖放构件

(b)

(c)

图 3-16 拖放构件（续）

(b)虚拟开始拖放构件；(c)虚拟完成拖放构件

3）绑扎固定。装车完成后，需要绑扎构件，以防在运输过程中损坏构件。

4）查看并确认发货单，如图 3-17 所示。

发货单主要用于为签收方、运输方、仓储部、发货方提供供货依据，主要内容包括一辆车上所有构件的编号、规格、数量、发货量、重量、所用部位、备注等信息。

图 3-17 发货单

5)提交交通运输审批单。根据构件在车上的摆放情况及运输车载重要求,决定本次构件运输是否需要提交交通运输审批单,通过公路管理部门审批,如图 3-18 所示。

图 3-18 交通运输审批单

6)运输构件。根据运输车目前载重情况及路况,选择合适的运输速度。

(4)构件卸车及码放。

1)选择卸车车辆。单击"选择卸车"按钮 选择卸车 ,使其变为"等待卸车"按钮 等待卸车 ,

选中卸车车辆，如图 3-19 所示。

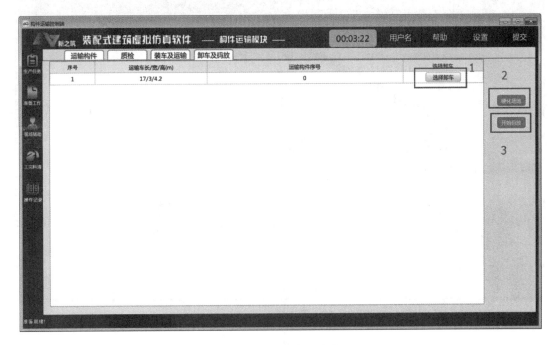

图 3-19　构件卸车操作窗口

2) 硬化场地。在工地上，一般放置构件的地面需要浇筑混凝土，进行硬化处理，如图 3-20 所示。

(a)

图 3-20　硬化场地

(a) 硬化场地前

(b)

图 3-20 硬化场地(续)

(b)硬化场地后

3)开始码放构件。将构件从车厢内吊放于施工场地。

5. 考核提交

构件运输完成后,单击软件标题处的"提交"按钮,进行考核提交,提交完毕后系统自动进入领取任务窗口。用户可重复上述操作,继续运输任务。

3.2.2 现场装配准备与吊装

1. 用户登录

运行软件,进入登录界面,如图 3-21 所示。用户在登录界面输入服务器 IP、服务器端口、账号和密码。单击"登录"按钮,输入信息核对正确,则可正常登录进入现场装配准备与吊装模块的计划选择界面。

2. 选择计划

(1)进入计划选择界面后,单击"请求任务"按钮 请求任务 ,系统弹出计划列表,用户进行计划选择。计划内容主要包括计划号、实训类型(练习和考核两种模式)、考核时长等。例如:用户选中 23 号计划,单击该计划,下侧生产任务计划列表弹出计划,如图 3-22 所示。

图 3-21 "现场装配准备与吊装"登录界面

图 3-22 计划信息列表

(2)单击"开始生产"按钮,进入现场吊装与准备施工窗口,如图 3-23 所示。

3. 生产任务

单击左侧工具栏中的生产任务按钮,系统弹出生产任务列表。用户可以查看已选中的任务,主要包括生产总量、完成生产量、未完成生产量、序号、编号和构件规格等信息,如图 3-24 所示。

图 3-23 现场吊装与准备施工窗口

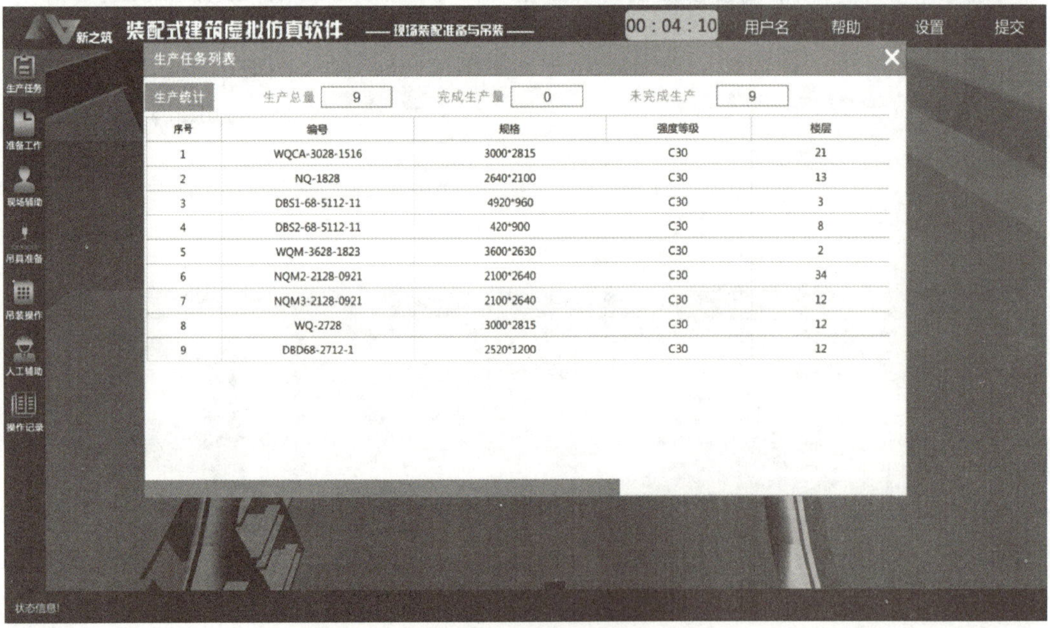

图 3-24 生产任务列表

4. 准备工作

单击左侧的"准备工作"按钮,系统弹出"准备工作"窗口,依次进行服装选择、卫生检查、设备检查、注意事项查看等准备工作,每项准备工作完成时,需单击"确认"按钮,如图 3-25 所示。

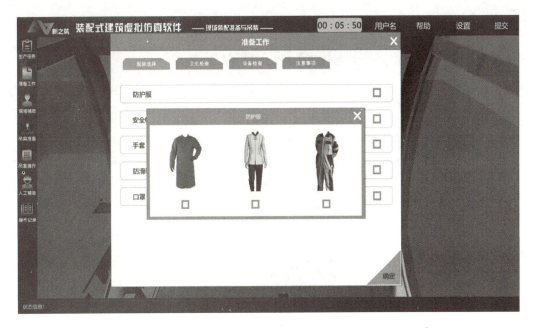

图 3-25 准备工作

5. 吊具准备

(1)单击"吊具准备"按钮,对起重设备进行选择,选择完成后单击"下一步"按钮,如图 3-26 所示。

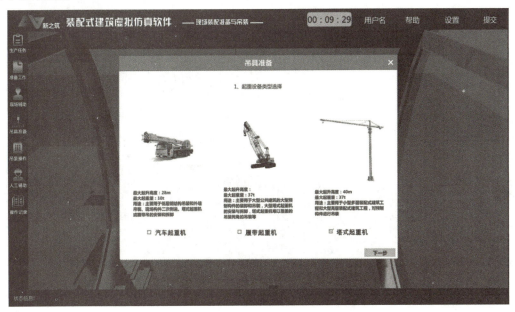

图 3-26 起重设备选择

(2)在选择起重设备位置时,通过查看生产任务,了解构件大致位置,再对吊具类型、吊点位置进行选择,如图 3-27 所示。

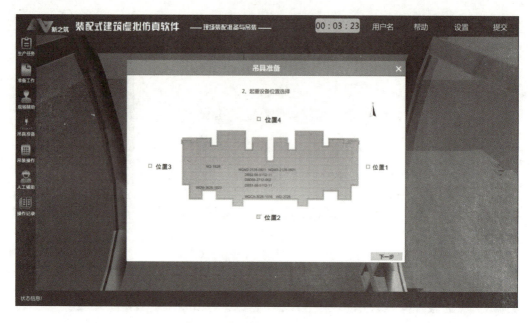

图 3-27　吊具类型、吊点位置选择

6. 构件吊装

（1）依次单击"现场辅助"→"请求新构件"按钮，施工界面即会出现将要生产的构件，如图 3-28 所示。

图 3-28　请求新构件

（2）单击"塔吊自动取构件"按钮，塔式起重机自动前进到构件上方，再单击"固定构件"，将构件固定到塔式起重机吊钩上，如图 3-29 所示。

118

图 3-29 固定构件

(3)依次单击"放置垫块"→"分仓"→"划线"按钮,完成构件吊装前的准备工作,如图 3-30 所示。

图 3-30 完成构件吊装前的准备工作

(4)单击左侧的"吊装操作"按钮,再单击"启动"按钮,启动塔式起重机,操作塔式起重机左、右手柄吊运构件,如图 3-31 所示。

图 3-31 启动塔式起重机

(5)通过降挡,控制塔式起重机将构件吊运放置在预定位置附近,单击左侧的"人工辅助"按钮,通过小窗口中的移动和旋转按钮,模拟人工装配过程,如图 3-32 所示。

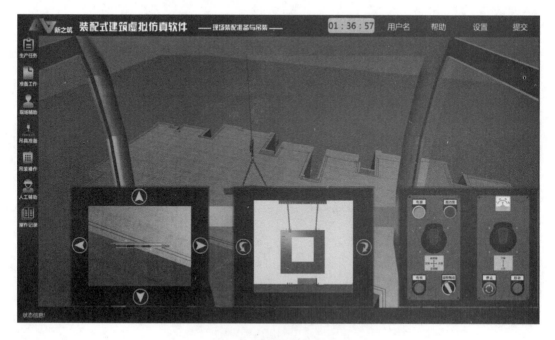

图 3-32 模拟人工装配过程

(6)待构件旋转至与划线平行的位置后,通过移动按钮对准下侧钢筋和灌浆套筒,然后通过控制塔式起重机下降,将构件吊至目标位置,如图 3-33 所示。

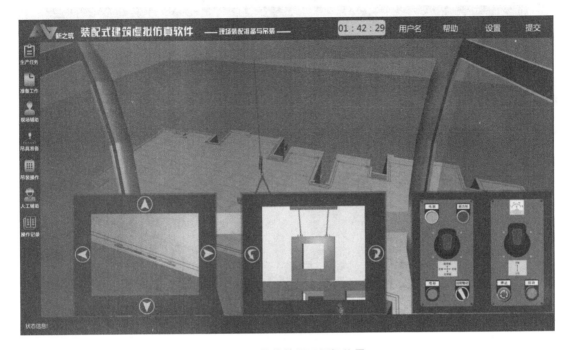

图 3-33　将构件吊至目标位置

(7)单击"现场辅助"窗口中的"墙面支撑"按钮,固定构件,如图 3-34 所示。

图 3-34　固定构件

(8)单击左侧的"取消固定"按钮,取消塔式起重机吊钩和构件间的连接,如图 3-35 所示。

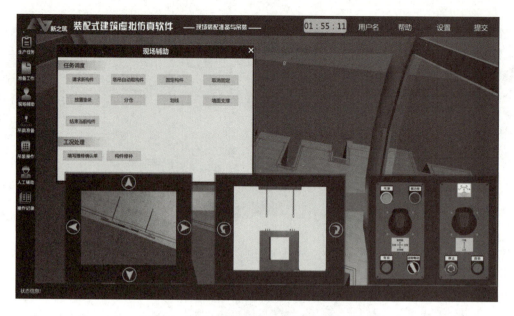

图 3-35 取消塔式起重机吊钩和构件间的连接

(9)单击"结束当前构件"按钮,完成一块构件的吊装。

3.2.3 构件灌浆

1. 用户登录

打开软件后,用户需要输入服务器 IP、服务器端口、账户和密码,单击"登录"按钮,信息验证成功后进入系统主界面,如图 3-36 所示。

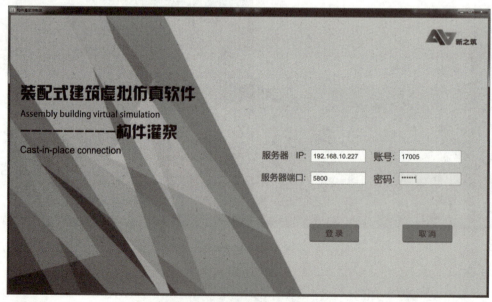

图 3-36 "构件灌浆"登录界面

2. 领取任务

计划列表内的计划信息是由管理端下达分配的,每项计划包括计划编号、实训类型、抗震等级、生产季节、考试时长、状态和选取任务。学生登录系统后,根据学习目的选择相应的计划,单击"请求任务"按钮领取计划(图3-37),单击"选择计划"按钮加入该计划内需要进行构件灌浆任务的构件(图3-38),单击"开始生产"按钮,构件灌浆虚拟端将自动启动,进入生产阶段。

图 3-37　请求任务

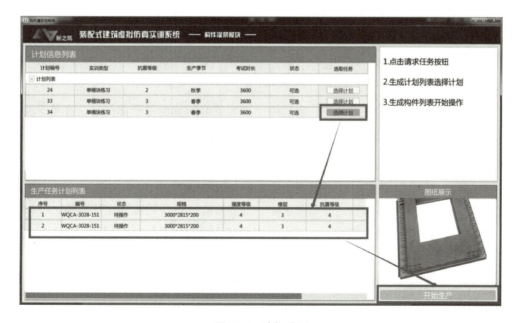

图 3-38　选择计划

右下角区域展示待操作任务第一块构件在上一工序完成后的成型图片。鼠标指针进入该区域后，按住鼠标左键拖动，可移动图片；滚动鼠标滚轮，可缩放浏览图片。

3. 生产任务

界面左侧的"生产任务"按钮会根据学生选择的生产计划生成相应的生产任务信息，单击"生产任务"按钮，系统弹出生产任务列表，如图 3-39 所示。

图 3-39　生产任务列表

（1）生产任务列表由生产统计信息和构件信息两部分组成。

（2）生产统计信息包括生产总量、完成生产量和未完成生产量。

（3）构件信息包括构件序号、编号、规格、强度、楼层、抗震等级、任务是否完成（包括三种状态：未完成、进行中、完成）和选择任务。

（4）窗口右侧、底部设有滚动条，通过拖动滚动条可浏览构件全部信息。在整个生产过程中，学生要进行构件灌浆任务的构件都会根据选择的任务依次完成。

4. 准备工作

单击"准备工作"按钮，系统弹出"准备工作"窗口，如图 3-40 所示。

（1）准备工作包括四项内容，即服装选择、卫生检查、设备检查和注意事项。

（2）单击每项内容右侧的□按钮，打开对应的操作窗口或者纯选择操作。下面以选择服装为例，展示打开窗口操作的过程。

步骤一：单击"防护服"右侧的□按钮，打开防护服选择窗口（图 3-41）；

步骤二：单击防护服下面的□按钮，选择防护服；

步骤三：确认并关闭防护服选择窗口（图 3-42）；

步骤四：服装选择操作完毕后，单击"确认"按钮，如图 3-42 所示。

图 3-40 "准备工作"窗口

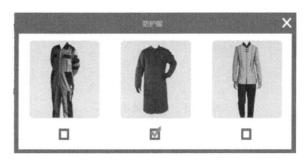

图 3-41 防护服选择窗口

图 3-42 确认服装选择

5. 操作生产

生产阶段的操作步骤为：请求新任务、进行工具选择、进行室温测量、进行封缝料制作、进行灌浆料制作、进行灌浆料流动度检查、进行封缝操作、进行灌浆操作。

(1)请求新任务、工具选择及室温测量。

1)单击"现场辅助"按钮，弹出"现场辅助"窗口，单击"请求新任务"按钮，模台和模具即会出现在场景中，如图 3-43 所示。

图 3-43 "现场辅助"窗口

2)单击"现场辅助"窗口中的"工具选择"按钮，系统弹出"工具选择"窗口，如图 3-44 和图 3-45 所示。

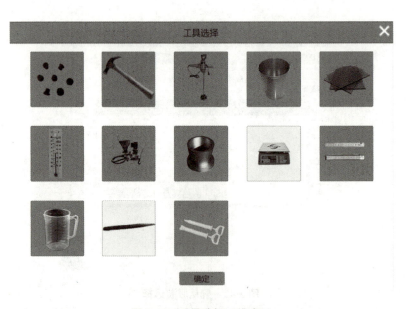

图 3-44 工具选择二维窗口

图 3-45 工具选择三维场景

3)单击"现场辅助"窗口中的"室温测量"按钮,对空气温度进行测量,如图 3-46 和图 3-47 所示。

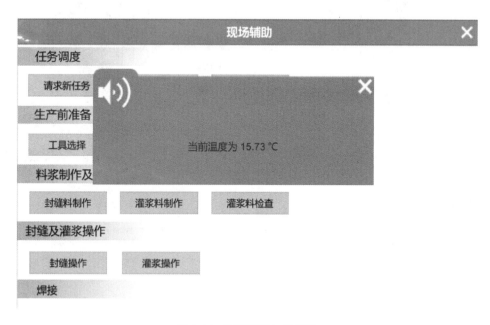

图 3-46 室温测量二维场景

图 3-47 室温测量三维场景

(2)封缝料制作。单击"现场辅助"窗口中的"封缝料制作"按钮，系统弹出封缝料制作窗口，如图 3-48 所示。

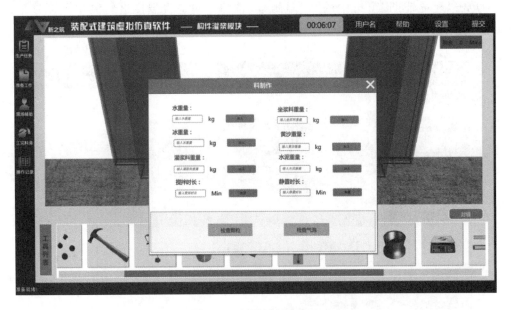

图 3-48 封缝料制作窗口

封缝料配比为水∶坐浆料∶黄沙∶水泥＝0.62∶1∶4∶1。封缝料制作流程为：输入水量加入水（如果温度高于 30°，需要加入冰），加入量为需要加入水量的 80%→加入坐浆料、黄沙、水泥→搅拌 4 min→加入剩余的 20% 水→搅拌 1 min→进行颗粒检查→静置 4 min→进行气泡检查，搅拌和静置环节可以根据需求进行重复操作。

(3)灌浆料制作。单击"现场辅助"窗口中的"灌浆料制作"按钮,系统弹出灌浆料制作窗口,如图 3-49 所示。

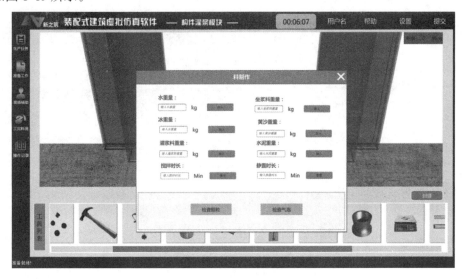

图 3-49　灌浆料制作窗口

灌浆料配比中水占 13%～15%。灌浆料制作流程为:输入水量加入水(如果温度高于 30°,需要加入冰),加入量为需要加入水量的 80%→加入灌浆料→搅拌 4 min→加入剩余的 20%水→搅拌 1 min→进行颗粒检查→静置 4 min→进行气泡检查,搅拌和静置环节可以根据需求进行重复操作。

(4)灌浆料检查。灌浆料检查的流程为:放置玻璃→放置流动测试仪→料浆导入测试仪→(料浆导入完毕后)移开流动测试仪→(料浆扩散完毕后)测量流动度→测量料浆温度。单击"现场辅助"窗口中的"灌浆料检查"按钮,弹出灌浆料检查界面,依次进行灌浆料流动度检查的操作,如图 3-50～图 3-57 所示。

图 3-50　灌浆料检查二维界面

图 3-51　放置玻璃三维场景

图 3-52　放置流动测试仪三维场景

图 3-53　料浆导入测试仪三维场景

图 3-54　移开流动测试仪三维场景

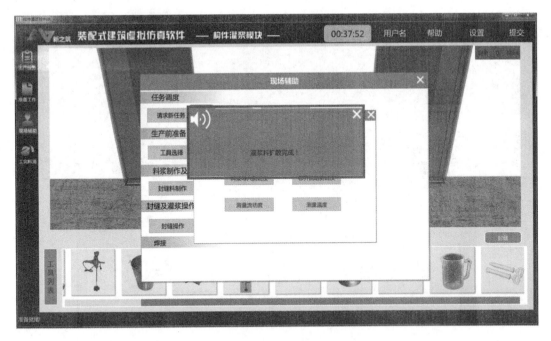

图 3-55 料浆扩散完毕二维场景

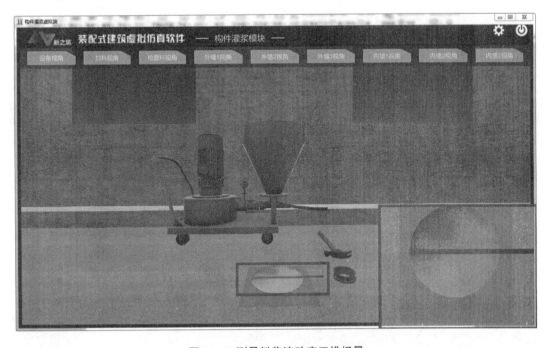

图 3-56 测量料浆流动度三维场景

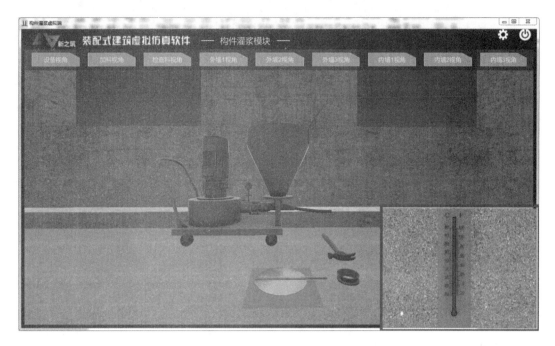

图 3-57　测量料浆温度三维场景

(5)封缝操作。选择封缝枪工具,单击"封缝"按钮,对墙板进行封缝操作,如图 3-58 和图 3-59 所示。

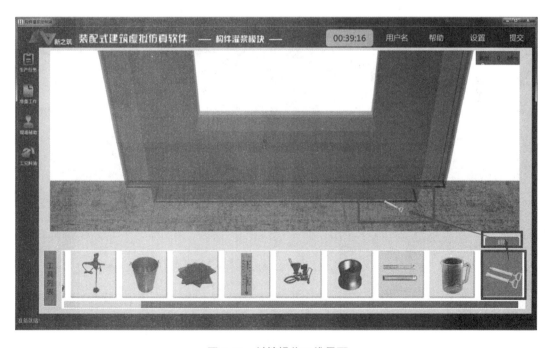

图 3-58　封缝操作二维界面

图 3-59　封缝操作三维场景

(6)灌浆操作。在工具栏中选择灌浆泵，单击左侧灌浆或者右侧灌浆进行灌浆操作，如图 3-60 和图 3-61 所示。

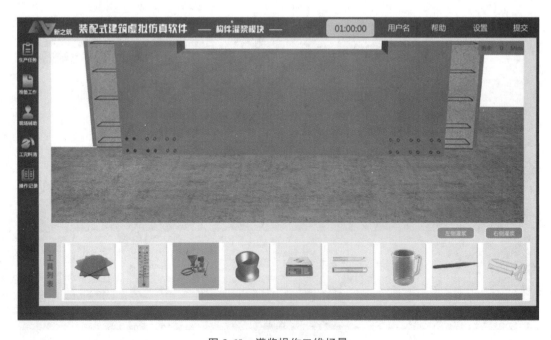

图 3-60　灌浆操作二维场景

图 3-61 灌浆操作三维场景

在灌浆操作过程中，会在灌浆套筒的出浆口中漏浆，在 15 s 时间内对漏浆的套筒口进行封堵，在工具栏中选择胶塞，单击二维界面中的套筒口可以进行封堵，如图 3-62 所示。

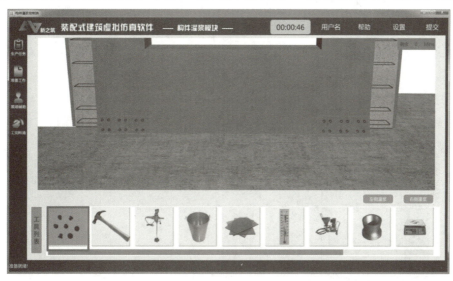

图 3-62 胶塞封堵二维界面

(7) 请求结束当前任务。单击"现场辅助"窗口中的"请求结束当前任务"按钮，结束当前正在操作的任务。当前任务完成后，可根据生产任务列表请求进行下一个任务，重复前面的步骤，直到所有生产任务完成。

6. 工完料清

单击左侧的"工完料清"按钮，弹出"工完料清"窗口，单击"归还工具"按钮进行工具的归还，如图 3-63 所示。

图 3-63 "工完料清"窗口

7. 考核提交

生产完成后,单击软件标题处的"提交"按钮,进行考核提交,提交完毕后系统自动进入领取任务界面。用户可重复上面的操作,继续构件灌浆生产。

3.2.4 现浇连接

1. 用户登录

运行软件,进入登录界面。用户在登录窗口输入服务器 IP、服务器端口、账号和密码。单击"登录"按钮,输入信息核对正确,则可正常登录,如图 3-64 所示。

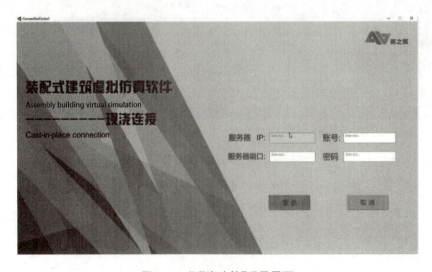

图 3-64 "现浇连接"登录界面

2. 计划请求

(1)登录成功之后进入计划请求界面,单击"请求任务"按钮 请求任务 ,系统弹出计划列表,任意选择一条计划,系统即会弹出与所选计划对应的具体任务信息(构件编号、规格、强度等级、任务描述等)。任务包含封边打胶和楼板现浇两种,如图 3-65 所示。

图 3-65　计划请求界面

(2)单击"开始生产"按钮 开始生产 ,进入现浇连接主界面,如图 3-66 所示,即可进行训练或考核。

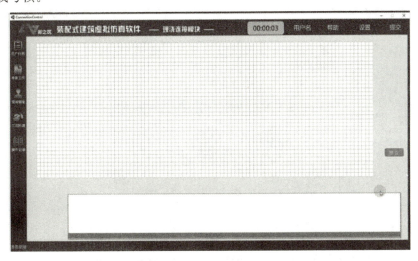

图 3-66　现浇连接主界面

3. 生产任务

(1)在左侧工具栏中单击"生产任务"按钮,系统弹出生产任务列表。用户可以查看待操作的任务信息。

(2)单击"操作"属性中的"开始任务"按钮,开始任务操作,如图 3-67 所示。

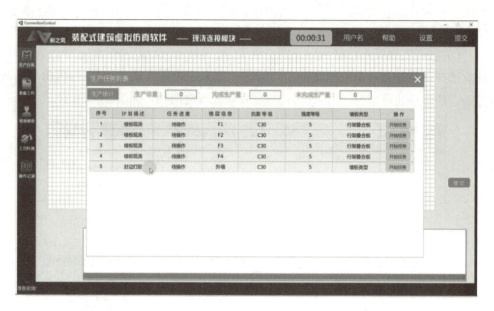

图 3-67　生产任务列表

4. 准备工作

在左侧工具栏中单击"准备工作"按钮,弹出"准备工作"窗口。准备工作主要用于核查生产前的准备工作,该界面包括服装选择信息。每一项检查选择后,单击下方的"确认"按钮,按钮会呈选中状态,如图 3-68 所示。

图 3-68　"准备工作"窗口

5. 现场辅助

单击左侧工具栏的"现场辅助"按钮,可进行物料、工具领取操作。在任务列表中选择任务后,根据任务情况领取相应物料,如图 3-69 所示。

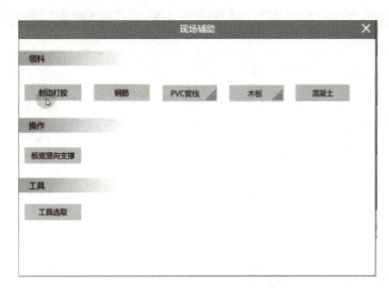

图 3-69 "现场辅助"窗口

6. 工完料清

在左侧工具栏中单击"工完料清"按钮，可见操作完毕后，对操作现场和余料进行处理，如图 3-70 所示。

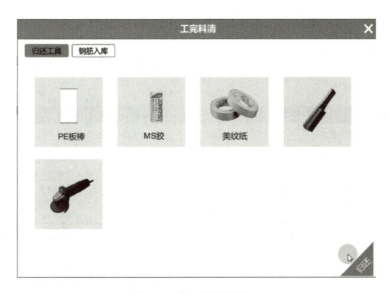

图 3-70 "工完料清"窗口

7. 主界面

主界面主要包括任务状态信息，中间为任务对应的图纸信息，右侧为任务操作按钮，下方为任务领取的物料信息，如图 3-71 所示。

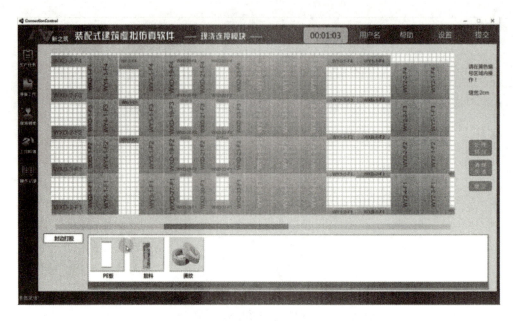

图 3-71 主界面

8. 菜单

主界面上方显示当前账户名、考核时间、提交信息等。单击"提交"按钮后返回计划请求界面。

9. 操作流程

(1)封边打胶操作流程。

1)在生产任务列表中选择"计划描述"为"封边打胶"的任务,单击"开始任务"按钮,进入主界面,如图 3-72 所示。

图 3-72 选择"封边打胶"任务

2)在主界面中可左右拖动查看外墙板图纸。

3)"现场辅助":在"领料"一栏中选择"封边打胶"选项,在弹出的物料框中,输入整个外墙板待封边的长度值(图 3-73),并领取相应物料;单击"工具选取"按钮,选取封边打胶需要的工具,如图 3-74 所示。

图 3-73 "封边打胶领料"窗口

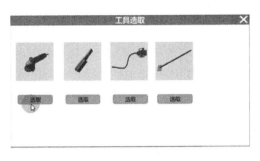

图 3-74 "工具选取"窗口

4) 单击右侧的"清理错台"按钮，开始清理墙板之间的错台，虚拟端播放清理错台动画。

5) 单击右侧的"清理灰渣"按钮，开始清理墙板之间不利于粘合的灰渣，虚拟端播放清理灰渣动画。

6) 拖拽下方的"PE 板"至图纸中黄色构件编号区域，在弹出的对话框中输入 PE 板填充剩余间距，完成 PE 板填充工作，虚拟端相应展示 PE 板填充效果，如图 3-75 所示。

图 3-75 "输入填充剩余间距"对话框

7) 拖拽"胶料"至黄色构件编号区域，完成单组分 MS 胶料填充效果，虚拟端相应展示 MS 胶料填充效果。

8) 拖拽"美纹"至黄色构件编号区域，完成单美纹纸粘贴效果，虚拟端相应展示美纹纸效果。

9)在“工完料清”窗口中，完成物料和工具的归还。

10)单击右侧的“提交”按钮，或者单击“任务列表”中的“结束任务”按钮，完成提交工作。

(2)现场浇筑操作流程。

1)在生产任务列表中选择“计划描述”为“楼板现浇”的任务，单击“开始任务”按钮，进入主界面，如图 3-76 所示。

序号	计划描述	任务进度	楼层信息	抗震等级	强度等级	墙板类型	操作
1	楼板现浇	待操作	F1	C30	5	行架叠合板	开始任务
2	楼板现浇	待操作	F2	C30	5	行架叠合板	开始任务
3	楼板现浇	待操作	F3	C30	5	行架叠合板	开始任务
4	楼板现浇	待操作	F4	C30	5	行架叠合板	开始任务
5	封边打胶	质检中	外墙	C30	5	墙板类型	已结束

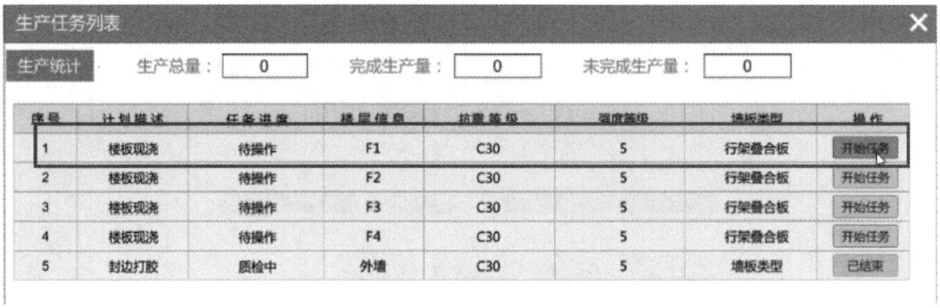

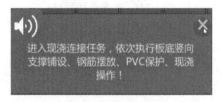

图 3-76　生产任务列表

2)进入任务后，自动弹出任务提示框，提示该任务需要依次执行板底竖向支撑铺设、钢筋摆放、PVC 保护和现浇的操作，如图 3-77 所示。

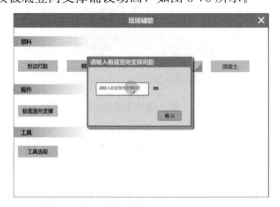

图 3-77　任务提示框

3)进行“板底竖向支撑铺设”工作。

4)在“现场辅助”窗口中，单击“板底竖向支撑”按钮，在弹出的对话框中输入板底竖向支撑间距，确认后播放板底竖向支撑铺设动画，如图 3-78 所示。

图 3-78　“输入板底竖向支撑间距”对话框

5)动画播放结束后,在"现场辅助"窗口领取木块物料,将木块物料拖拽至图纸中的待填充木块区域,单击右侧的"确认填充"按钮,完成木板填充动画,如图3-79所示。

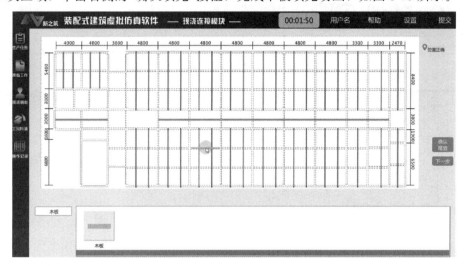

图 3-79　木板填充窗口

6)单击右侧的"下一步"按钮,系统即进入"钢筋摆放"窗口。

7)单击右侧的"查看图纸"按钮,虚拟端即会展示与钢筋摆放对应的图纸信息,可根据图纸中标注的钢筋类型、长度、直径信息进行钢筋物料领取。

8)单击"现场辅助"窗口中的"钢筋"按钮,系统弹出"领料"窗口,输入要领取的钢筋信息,单击"确定"按钮,完成领料工作,如图3-80所示。

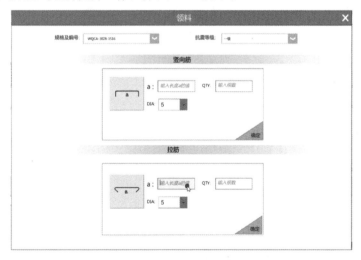

图 3-80　"领料"窗口

9)拖拽下方的钢筋至图纸摆放区域,系统会自动切换至较大界面,以方便摆放。界面左上角有当前拖拽的钢筋信息,可对当前钢筋进行"删除""旋转"等操作;钢筋位置摆放正确后,单击右上角的"确认摆放"按钮,系统自动切换回原窗口,继续拖拽第二根钢筋,如图3-81所示。

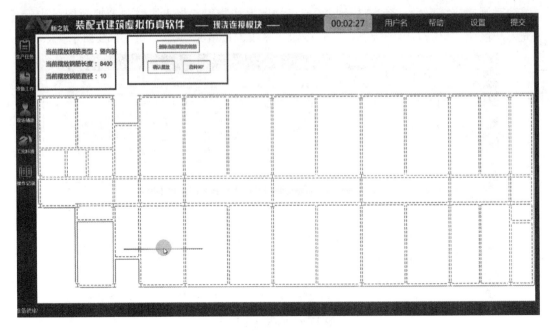

图 3-81 钢筋摆放

10)完成两根钢筋的摆放操作之后,弹出钢筋间距输入信息框,输入该类型钢筋的摆放间距,系统将自动摆放该位置的钢筋,如图 3-82 所示。

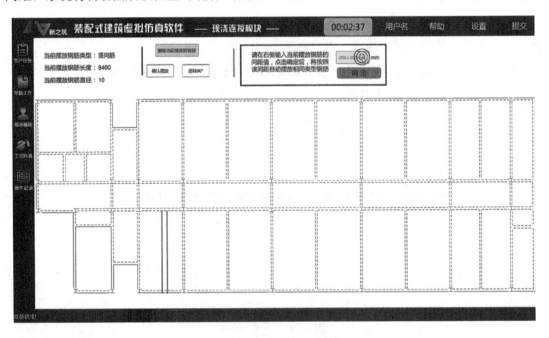

图 3-82 输入钢筋摆放间距

11)继续领取物料,摆放其他位置的钢筋,完成整个楼层的钢筋摆放工作。
12)单击右侧的"下一步"按钮,进入 PVC 保护模块,如图 3-83 所示。

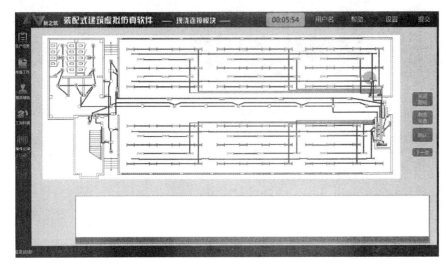

图 3-83　PVC 保护模块　　　　　　　　　　　　图 3-83 彩图

13）单击右侧的"查看图纸"按钮，虚拟端会显示 PVC 保护选择图纸。

14）单击"现场辅助"窗口中的"PVC 保护"按钮，选择保护类型。

15）单击窗口中的线段（红色、紫色）（扫描图 3-83 右侧的二维码），选中后会有定位标志显示，选择一种保护类型，单击"确认"按钮，完成该线段的 PVC 保护选择工作。

16）用鼠标可同时选中多条线段，也可以单击右侧的"剩余全选"按钮，选择所有剩余线段统一操作。

17）单击右侧的"下一步"按钮，进入浇筑模块；

18）单击"现场辅助"窗口中的"混凝土"按钮，输入整个楼层浇筑所需要的混凝土体积，如图 3-84 所示。

图 3-84　输入混凝土体积

19）单击"现场辅助"窗口中的"工具选取"按钮，选择浇筑所需要的工具。

20）单击窗口中的图纸，会有定位标志显示，单击右侧的"开始浇筑"按钮，定位标志开始闪烁，表示开始浇筑，虚拟端自动播放浇筑动画，同一个位置浇筑时间过长会自动停止浇筑并提示更换浇筑，如图 3-85 所示。

图 3-85　浇筑定位标志

21）单击其他位置，继续浇筑至整个楼层的楼板浇筑完毕，单击"结束浇筑"按钮，完成浇筑工作。

22）单击右侧的"平整"按钮，对浇筑后的地面进行简单的平整工作。

23）单击右侧的"振捣"按钮，对平整后的地面进行振捣处理，虚拟端播放振捣动画。

24）单击右侧的"铺平辅助"按钮，对振捣后地面进行抚平处理，虚拟端播放抚平动画。

25）单击右侧的"提交"按钮，或者单击生产任务列表中的"结束任务"按钮，完成提交工作。

26）在"工完料清"窗口，对领取的物料、工具、钢筋进行归还。

27）单击右上角的"提交"按钮，结束当前计划考核，返回计划请求界面，继续其他计划。

3.2.5　质检与维护

1. 用户登录

打开软件后，用户需要输入服务器 IP、服务器端口、账户和密码，单击"登录"按钮，输入信息验证成功后进入系统主界面，如图 3-86 所示。

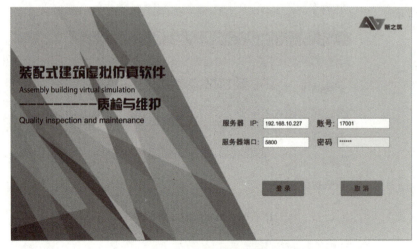

图 3-86　"质检与维护"登录界面

2. 领取任务

（1）通过系统主界面的相关操作，学生可以完成质检与维护的整个过程。

(2)计划列表内的计划信息是由管理端下达分配的，每项计划包括计划编号、实训类型、抗震等级、生产季节、考试时长、状态和选取任务。学生登录系统后，根据学习目的选择相应的计划，单击"请求任务"按钮，领取计划（图3-87）；单击"选择计划"按钮，加入该计划内需要进行质检任务的构件（图3-88）；单击"开始质检"按钮，进入质检阶段。

图3-87 请求任务

图3-88 选择计划

(3)右下角"图纸展示"区域展示待操作任务第一块构件在上一工序完成后的成型图片。鼠标指针进入该区域，按住鼠标左键拖动，可移动图片；滚动鼠标滚轮，可缩放浏览图片。

3. 主界面功能介绍

(1)单击"开始质检"按钮后进入主界面，如图3-89所示。

图 3-89 主界面

(2)主界面展示所有质检的模块,上部分为混凝土构件生产质检,下部分为现场装配施工质检,单击任意模块后,再单击任一任务开始质检工作。

例如,单击主界面的"原料预算"按钮,进入原料预算模块的质检任务,系统首先会根据学生选择的质检计划生成相应的质检任务列表,如图 3-90 所示。

图 3-90 质检任务列表

(3)质检任务列表由审核统计信息和构件信息两部分组成。

1)审核统计信息包括待审核总量、已审核总量、未审核总量。

2)构件信息包括构件序号、编号、计划号、规格、强度等级、楼层、抗震等级、墙板类型、每项操作的需求量、任务是否完成("是"表示任务完成;"否"表示任务未完成,"无操作"表示当前构件不需要此步操作)、操作准备得分、构件得分、工完料清得分、完成时间、状态。

(4)窗口右侧、底部设有滚动条,通过拖动滚动条可浏览构件全部信息。在整个质检过程中,学生所要进行的质检构件都会围绕质检任务列表内的内容依次完成。

4. 审核

(1)每条构件信息后的状态按钮显示当前构件的审核情况,单击"待审核"按钮(图 3-91),进入本条构件信息的审核,打开检测信息窗口(图 3-92),展示当前待审核的构件信息(上部分)和本条构件信息的标准信息(下部分),拖动底部滚动条可浏览全部信息进行审核。

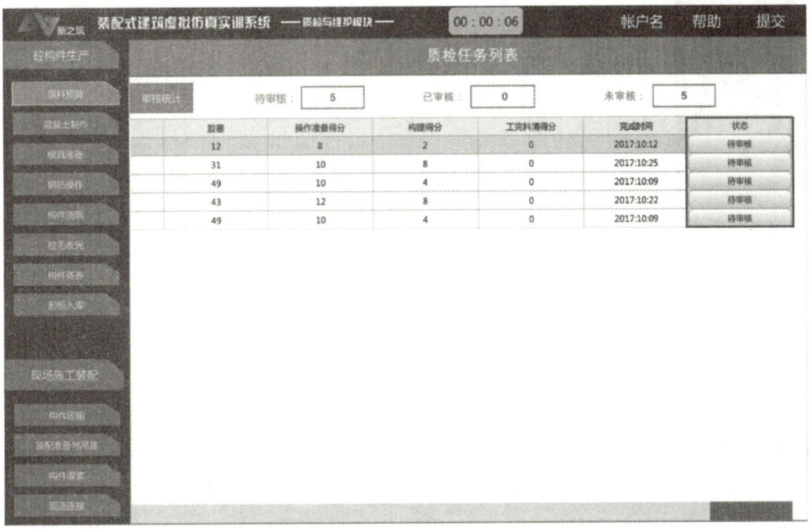

图 3-91 待审核

图 3-92 "检测信息"窗口

(2)浏览完毕后,单击底部的 合格 或 不合格 按钮,对当前构件进行质检审核。

(3)质检完毕后,界面跳转到"质检任务列表"窗口,当前已审核完成的构件信息会高亮显示,拖动底部滚动条查看当前构件的状态为"已审核"(图 3-93),即审核完当前构件任务。

"质检任务列表"上方待审核总量、已审核总量、未审核总量,会跟随已审核完的构件任务信息实时更新。

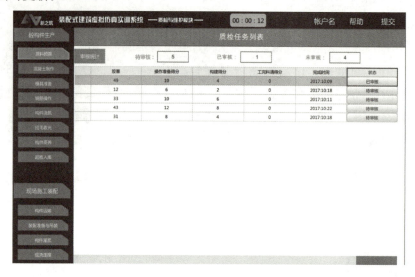

图 3-93 已审核

(4)再次单击"原料预算"按钮,可刷新当前模块的任务信息(图 3-94)。

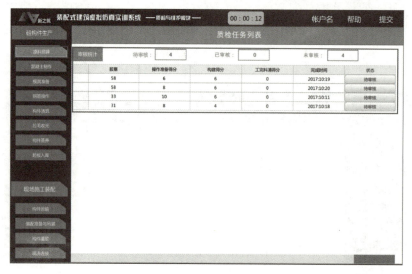

图 3-94 刷新质检任务列表

(5)依次根据质检任务列表进行下一个任务,重复前面的步骤,直到所有质检任务完成。

5. 考核提交

当前所有待审核的质检任务完成后,单击软件标题处的"提交"按钮,进行考核提交,提交完毕后系统自动进入领取任务界面。用户可重复上面的操作,继续审核质检任务,如图 3-95 所示。

注意:考试时间结束,3 s 后自动结束任务。

图 3-95 考核提交

任务 3.3 附图

3.3.1 设计说明

(1)本工程为某学校装配式建筑教学实训示范基地,结构类型为装配式高层剪力墙混凝土结构,层高为 2.9 m,外墙为预制混凝土保温夹心外墙板,楼板为叠合楼板,楼梯为预制板式楼梯。

(2)施工图中标高单位为米(m),尺寸为毫米(mm),注明者除外。

(3)混凝土强度等级:基础底板垫层为 C15,其余均为 C30。

(4)钢筋种类选用 HPB300 级、HRB335 级、HRB400 级;钢材牌号选用 Q235B、Q345B。

(5)环境类别为一类,结构设计使用年限为 50 年,墙、板混凝土的保护层厚度为 15 mm,梁、柱的混凝土保护层厚度为 20 mm,基础的混凝土保护层厚度为 40 mm。

(6)现浇部分纵向钢筋的搭接、锚固长度执行国家标准《混凝土结构施工图平面整体表示方法制图规则和构造详图》(16G101)的相关构造要求。

(7)楼板采用 PK 预应力混凝土叠合楼板,叠合层支座负筋的混凝土保护层为 15 mm。

(8)构件详图参考国标《预制混凝土剪力墙外墙板》(15G365-1)、《预制混凝土剪力墙内墙板》(15G365-2)、《桁架钢筋混凝土叠合板(60 mm 厚底板)》(15G366-1)、《预制钢筋混凝土板式楼梯》(15G367-1)等。

3.3.2 实训图纸

(1)基础平面布置图及基础详图如图 3-96 所示。

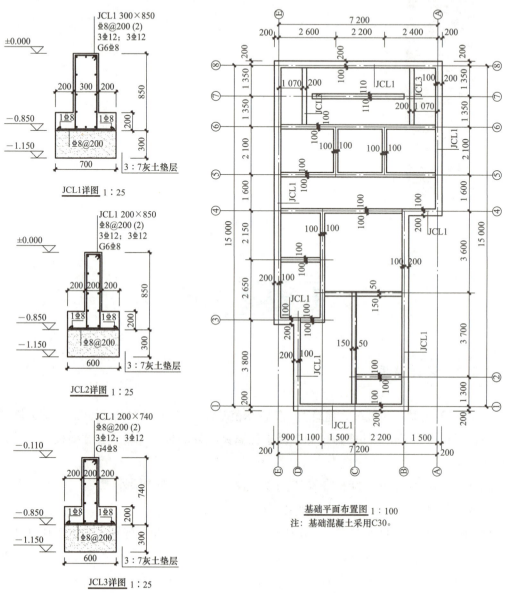

图 3-96 基础平面布置图及基础详图

(2)装配式高层剪力墙拆分平面图如图 3-97 所示。

(3)剪力墙甩筋定位图如图 3-98 所示。

(4)±0.000～2.900 m 层剪力墙布置平面图如图 3-99 所示。

(5)2.900 m 层梁配筋平面布置图如图 3-100 所示。

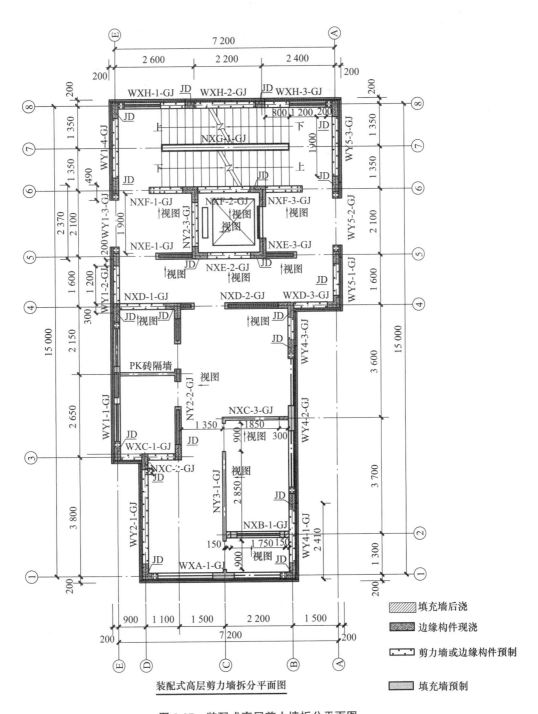

图 3-97 装配式高层剪力墙拆分平面图

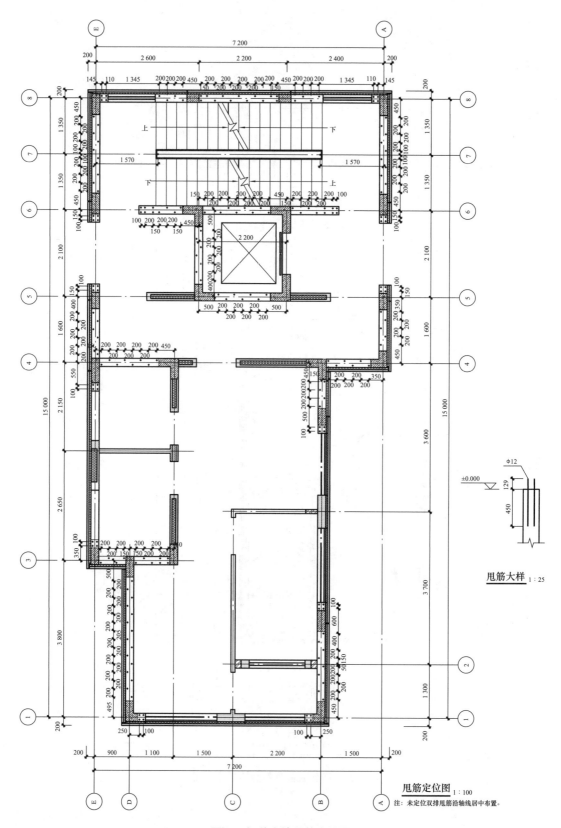

图 3-98 剪力墙甩筋定位图

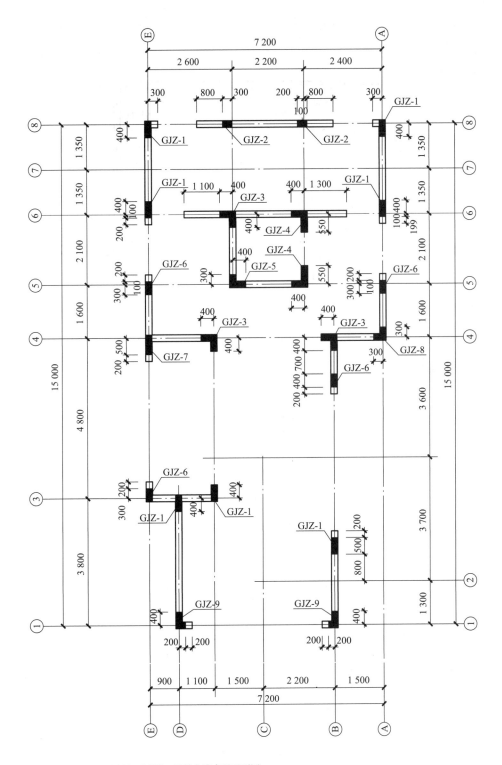

±0.000～2.900 m层剪力墙布置平面图 1:100
注：剪力墙混凝土强度等级为C30。

图 3-99　±0.000～2.900 m层剪力墙布置平面图

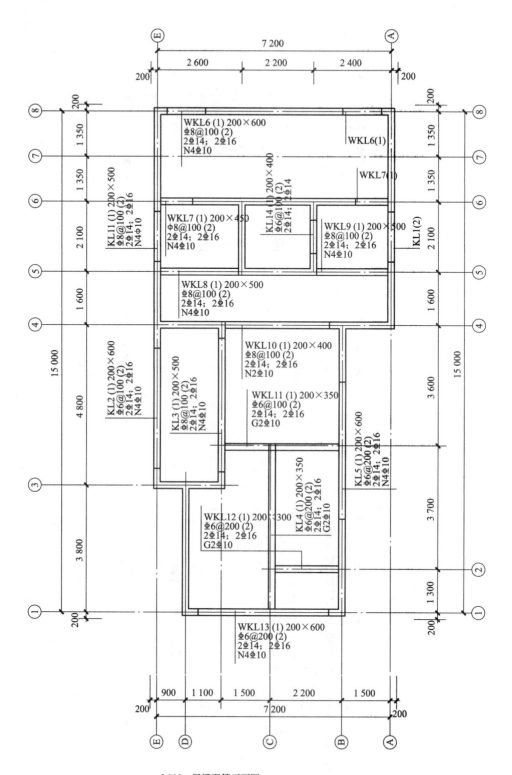

2.900 m层梁配筋平面图 1:100

注：1.除特殊注明外，梁顶顶标高均同结构楼面标高。
2.未定位梁均贴柱（墙）边或沿轴线居中布置。
3.梁混凝土强度等级为C30。

图 3-100 2.900 m层梁配筋平面布置图

(6)剪力墙柱表见表 3-2。

表 3-2 剪力墙柱表

截面	(500×200)	(300×200)	L形 500/300+200/200+300	L形 500/300+200/450+650	L形 500/200+300/400+200+200
编号	GJZ-1	GJZ-2	GJZ-3	GJZ-4	GJZ-5
标高	±0.000～2.900	±0.000～2.900	±0.000～2.900	±0.000～2.900	±0.000～2.900
主筋	6⌀12	4⌀12	8⌀12	10⌀12	8⌀12
箍筋	⌀6@200	⌀6@200	⌀6@200	⌀6@200	⌀6@200
截面	(400×200)	(600×200)	L形 400/200+200/200+200/400	L形 300/100+200/200+300/500	
编号	GJZ-6	GJZ-7	GJZ-8	GJZ-9	
标高	±0.000～2.900	±0.000～2.900	±0.000～2.900	±0.000～2.900	
主筋	6⌀12	6⌀12	8⌀12	8⌀12	
箍筋	⌀6@200	⌀6@200	⌀6@200	⌀6@200	

(7)叠合板布置图如图 3-101 所示。

(8)2.900 m 层楼板配筋图如图 3-102 所示。

(9)楼梯平面图及①、②节点详图如图 3-103 所示。

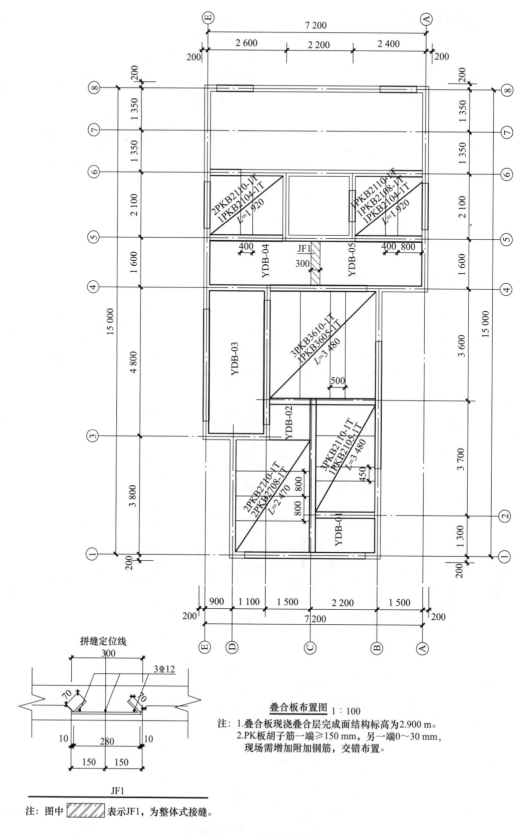

图 3-101 叠合板布置图

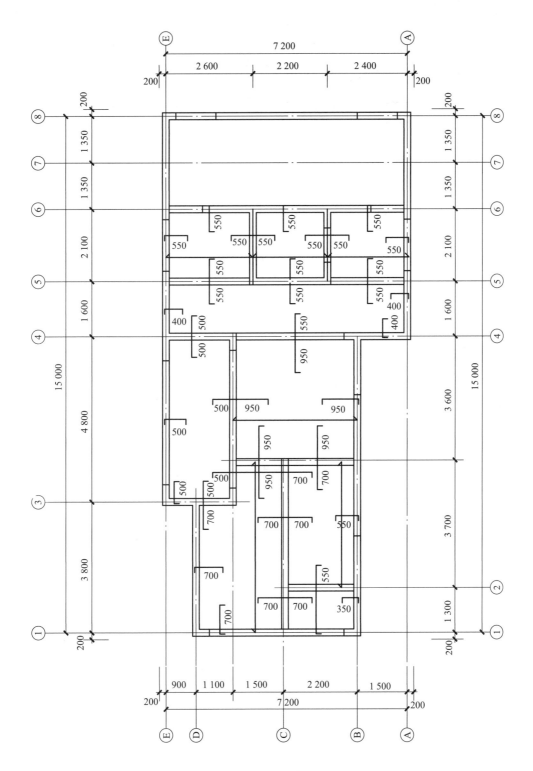

2.900 m层楼板配筋图 1:100
注：1.除特殊注明外，本层各房间板厚均为130 mm，图中未标注钢筋均为⊈8@200。
2.楼板混凝土强度等级为C30。

图 3-102 2.900 m 层楼板配筋图

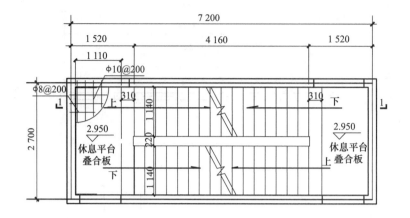

楼梯平面图
注：现浇部分混凝土为C30。

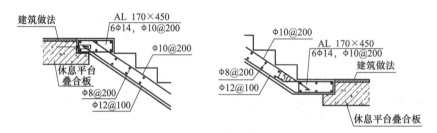

图 3-103 楼梯平面图及①、②节点详图

参 考 文 献

[1] 中华人民共和国住房和城乡建设部. GB 50204—2015 混凝土结构工程施工质量验收规范[S]. 北京：中国建筑工业出版社，2015.

[2] 中华人民共和国住房和城乡建设部. JGJ 355—2015 钢筋套筒灌浆连接应用技术规程[S]. 北京：中国建筑工业出版社，2015.

[3] 中华人民共和国住房和城乡建设部. JG/T 163—2013 钢筋机械连接用套筒[S]. 北京：中国标准出版社，2013.

[4] 中华人民共和国住房和城乡建设部. JG/T 408—2019 钢筋连接用套筒灌浆料[S]. 北京：中国标准出版社，2020.

[5] 中华人民共和国住房和城乡建设部. 16G116—1 装配式混凝土结构预制构件选用目录（一）[S]. 北京：中国计划出版社，2016.

[6] 中华人民共和国住房和城乡建设部. JGJ/T 258—2011 预制带肋底板混凝土叠合楼板技术规程[S]. 北京：中国建筑工业出版社，2012.

[7] 中华人民共和国住房和城乡建设部. JGJ 1—2014 装配式混凝土结构技术规程[S]. 北京：中国建筑工业出版社，2014.

[8] 山东省工程建设标准. DB37/T 5020—2014 装配整体式混凝土结构工程预制构件制作与验收规程[S]. 北京：中国建筑工业出版社，2014.

[9] 山东省工程建设标准. DB37/T 5019—2014 装配整体式混凝土结构工程施工与质量验收规程[S]. 北京：中国建筑工业出版社，2014.

[10] 中华人民共和国住房和城乡建设部住宅产业化促进中心. 装配式混凝土结构技术导则[M]. 北京：中国建筑工业出版社，2015.

[11] 山东省建筑工程管理局. 山东省建筑业施工特种作业人员管理暂行办法. 鲁建管发〔2008〕12 号.

[12] 济南市城乡建设委员会建筑产业化领导小组办公室. 装配整体式混凝土结构工程施工[M]. 2 版. 北京：中国建筑工业出版社，2018.

[13] 济南市城乡建设委员会建筑产业化领导小组办公室. 装配整体式混凝土结构工程工人操作实务[M]. 北京：中国建筑工业出版社，2016.

[14] 国务院办公厅. 关于大力发展装配式建筑的指导意见. 2016.

[15] 中华人民共和国住房和城乡建设部. "十三五"装配式建筑行动方案. 2017.

[16] 中华人民共和国住房和城乡建设部. 建筑业发展"十三五"规划. 2017.

[17] 北京市质量技术监督局. DB11/T 1030—2013 装配式混凝土结构工程施工与质量验收规程[S]. 北京：北京市质量技术监督局，2013.

[18] 中华人民共和国住房和城乡建设部. G310—1～2 装配式混凝土结构连接节点构造（2015年合订本）[S]. 北京：中国计划出版社，2015.

[19] 中华人民共和国住房和城乡建设部. 预制混凝土剪力墙外墙板 15G365—1[S]. 北京：中国计划出版社，2015.

[20] 中华人民共和国住房和城乡建设部. 预制混凝土剪力墙内墙板 15G365—2[S]. 北京：中国计划出版社，2015.

[21] 中华人民共和国住房和城乡建设部. 15G366—1 桁架钢筋混凝土叠合板（60 mm 厚底板）[S]. 北京：中国计划出版社，2015.

[22] 中华人民共和国住房和城乡建设部. 15G367—1 预制钢筋混凝土板式楼梯[S]. 北京：中国计划出版社，2015.

[23] 中华人民共和国住房和城乡建设部. 15G368—1 预制钢筋混凝土阳台板、空调板及女儿墙[S]. 北京：中国计划出版社，2015.

[24] 中华人民共和国住房和城乡建设部. 15G107—1 装配式混凝土结构表示方法及示例（剪力墙结构）[S]. 北京：中国计划出版社，2015.

[25] 中华人民共和国住房和城乡建设部. 15J939—1 装配式混凝土结构住宅建筑设计示例（剪力墙结构）[S]. 北京：中国计划出版社，2015.